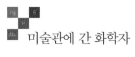

미술관에 간 화학자

미술관에 간 화학자

개정증보판 1쇄 발행 | 2013년 2월 28일
14쇄 발행 | 2023년 7월 3일

지은이 | 전창림
발행인 | 이원범
기획·편집 | 김은숙
표지·본문 디자인 | 강선욱
마케팅 | 안오영

펴낸곳 | 어바웃어북 about a book
출판등록 | 2010년 12월 24일 제313-2010-377호
주소 | 서울시 강서구 마곡중앙로 161-8(마곡동, 두산더랜드파크) C동 1002호
전화 | (편집팀) 070-4232-6071 (영업팀) 070-4233-6070
팩스 | 02-335-6078

ISBN | 978-89-97382-16-3   03400

이성과 감성으로 과학과 예술을 통섭하다

미술관에 간 화학자

전창림 지음

어바웃어북

명화에는 과학적 창의력이
담겨 있습니다

학생들은 왜 과학 공부를 어렵고 재미없어 할까요? 특히 한국 고등학생들은 수학과 과학 실력만큼은 세계 최고라면서 노벨과학상은 왜 항상 다른 나라 이야기일까요? 질문의 범위를 조금 바꿔, 과학은 끊임없이 발전과 진화를 거듭해가고 있는데 왜 인간의 삶은 행복하지 못한 걸까요?

이런 물음들이 내내 머리에서 떠나지 않던 제가 쓴 책이 바로 『미술관에 간 화학자』입니다. 이 질문들은 제가 대학에서 강의하는 수업의 가장 큰 주제이기도 합니다. 그런데 이제 조금씩 그 답을 찾아가고 있습니다. 제가 찾은 답은 바로 '책읽기'입니다. 그것도 균형 잡힌 독서 말이지요.

뉴스에 따르면 2008년 3229종에 이르던 신간도서가 2011년 2473종으로 줄어 23%나 감소했다고 합니다. 불행하게도 책을 읽지 않는 시대가 온 것이지요. 중·고등 교육은 대학입시만을 위해 존재하도록 왜곡된 지 오래고, 대학마저도 취업이다 공학인증제다 하여 천편일률적인 교육 과정과 규제만 난무합니다. 이런 현실 속에서 우리 청소년들이 갖춰야 할 창의력의 미래는 염려에 걱정을 더한 절벽으로 치닫고 있습니다. 그런데 창의는 가르친다고 이루어지는 게 아니라 자유로운 마음상태에서 다양한 독서로만 도달할 수 있습니다.

이번 개정증보판에서는 초판에 비해 과학적인, 그 중에서도 특히 화학적

인 주제를 담은 글들을 좀더 보강했습니다. 미켈란젤로가 그린 〈아담의 창조〉는 하나님께서 흙으로 빚은 아담에게 생명을 불어 넣는 장면을 얼마나 창의적으로 표현하고 있는지 보여줍니다. 인간에게 생명력을 불어넣을 정도의 엄청난 에너지가 하나님의 손가락에서 아담의 손가락을 통해 전달됩니다. 그러나 두 손가락은 닿아 있지 않습니다. 양자역학에서 에너지를 가진 입자인 양자는 전달을 방해하는 장애물이 있더라도 그 장애물을 건너갈 수 있습니다. 이를 '터널링 효과'라고 하는데, 〈아담의 창조〉 안에는 바로 이 터널링 효과가 담겨 있습니다. 스티븐 스필버그 감독은 영화 〈ET〉에서 미켈란젤로의 창의성을 차용했습니다. 김홍도의 그림에서는 오른손과 왼손의 관계에 있는 입체이성질체가 나타납니다.

이처럼 명화에 대한 새로운 해석을 통해 예술적 감성과 인문적 소양을 키우면서 그 안에서 과학적 사고까지 함양하도록 돕는 것이 바로 『미술관에 간 화학자』라는 책의 소임이 아닐까 생각해 봅니다. 이 책이 다시 한 번 여러분의 손에 펼쳐지기를 기대합니다.

2013년 겨울과 봄 사이에
전창림

과학의 눈으로 보는
미술은 더욱 아름답습니다

우리는 아주 예쁜 꽃을 보면 꼭 조화 같다고 하다가, 아주 잘 만든 조화를 보면 진짜 꽃 같다고 합니다. 화학자가 정교하게 구성된 합성 과정을 보고 느끼는 감정은 예술가가 예술 앞에서 느끼는 감정과 다르지 않습니다. 필자도 미술 작품을 보면서 아주 정교하게 만들어진 놀라운 발명품을 보는 것 같이 느낄 때가 종종 있습니다. 과학과 예술은 서로 대립되는 개념으로 생각하기 쉽지만, 이 둘은 아름다운 무엇인가를 창조한다는 점에서 일맥상통합니다. 그래서 저는 과학도가 예술 작품을 접할 기회를 많이 가질수록 창조적인 업적을 내는 데 도움이 될 거라고 생각합니다.

하루에만도 수십 권의 책이 쏟아져 나오는 출판 시장에 책을 하나 더 보태는 데에는 나름의 변이 있을 터입니다. 이 원고는 처음부터 책으로 출간할 목적으로 쓴 것은 아닙니다. 어려서부터 화가를 꿈꾸었던 미술 애호가의 한 사람으로서 대한화학회의 저널 「화학세계」에 4년간 명화 감상 칼럼을 연재해 왔는데, 그 글을 보고 출판 제의가 들어온 것입니다. 미술 관련 서적이 봇물을 이루는 오늘날, 과학과 미술의 만남, 그것도 화학자의 미술 외도가 매우 이례적이고 독특하였던 모양입니다.

필자는 서점에 자주 나갑니다. 어떤 책이 새로 나왔나 살펴보고, 전공인 화학이나 교양과학, 미술 관련 서적은 거의 다 읽어보는 편입니다. 그러면서

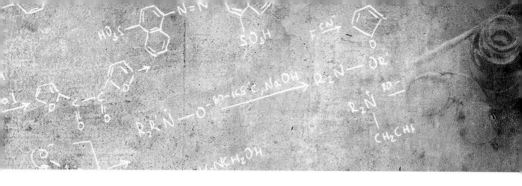

느끼는 점은 미술 전문가가 쓴 명화 해설이나 미술 관련서의 내용이 일반인이 이해하기에는 마치 문학평론가가 쓴 시평, 법조인이 쓴 법조문처럼 쉬운 글이 아니라는 것입니다. 아마도 강의 시간에 교수는 "이것 정말 재미있지" 하면서 신이 나서 설명하는데 학생들은 어렵고 재미없어 하는 것에 비유할 수 있겠지요.

그림을 감상할 경우 그저 보고 느끼는 걸로는 부족할 때가 많습니다. 현대 추상화 중에는 그냥 보고 느끼기만 하라는 작품도 있습니다만, 미술사에 나타나는 명화의 대부분은 읽어야 합니다. 그냥 보면 1분도 보기 힘든 그림이 설명을 들으면 몇 시간 동안 봐도 지루하지 않고 재미가 더욱 깊어지는 경우가 많습니다.

1400년대에 얀 반 에이크가 그린 〈아르놀피니의 결혼〉을 보면서 왜 남자가 손을 들고 있는지, 왜 대낮인데 촛불이 켜져 있는지, 그것도 딱 하나만 켜져 있는지, 그림 가운데에 있는 거울에는 뭐가 그려져 있는지, 신부의 배는 왜 임신한 것처럼 부른 건지, 눈이 부시게 아름다운 녹색은 무엇으로 만든 건지, 남자 옷의 색은 왜 저런 이상한 색이 된 건지 등 알 것도 이야기할 것도 무척 많습니다. 그런 질문에 대한 답을 알고 나면 그림이 더욱 재미있어지고 생각이 풍성해지지요.

필자는 미술을 사랑하고 미술 작품을 많이 보고 미술 관련 책을 많이 읽지만, 미술에 관하여는 전문가가 아니라서 지금도 미술에 대해 새로운 것을 알게 되면 감탄하고 무릎을 치며 재미있어 합니다. 그래서 다른 사람들도 이렇게 미술을 감상하면 재미있겠다, 유익하겠다(공학자라서 그런지 '유익'하다는 점을 아주 중요하게 생각합니다)는 생각에 기회가 닿는 대로 명화 감상에 대한 글을 써 오고 있습니다.

이 책에서 필자는 과학자의 눈으로 본 미술, 미술과 함께하는 과학에 대해 말하고자 하였습니다. 구도, 화가, 시대 배경, 미술 재료 등 그림을 바라보는 시각이 아마 기존에 나온 미술 해설서와는 많이 다를 것입니다. 과학자의 눈은 아무래도 미술 전문가나 인문학자의 눈과 같을 수는 없을 테니까요.

벤젠의 구조를 밝혀낸 케쿨레라는 화학자는 원래 건축학도였습니다. 기센

대학에 있는 리비히 교수의 화학 강연을 듣고는 화학에 매력을 느껴 몇 번에 걸친 부탁 끝에 실험실 조수로 들어갔습니다. 그곳에서 연구를 하다가 당시 세계적인 문젯거리였던 벤젠의 구조식을 밝혀낸 것입니다. 꿈에 원숭이 여섯 마리가 서로 꼬리를 잡고 육각형으로 고리를 만드는 것을 보고 벤젠의 문제를 해결하게 되었다는 케쿨레의 꿈은 『성경』에 나오는 요셉의 꿈 이래 가장 위대한 꿈이 되었습니다.

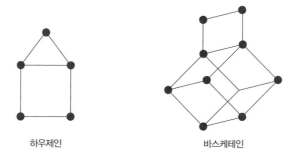

하우제인   바스케테인

화학자들은 가끔 예술가 같은 일을 하기도 합니다. 하우제인(housane)이라는 분자는 집 모양입니다. 어디에 쓸지도 모르고 그런 생각으로 만든 것도 아니죠. 단지 상상력과 흥미와 도전 정신으로 이런 분자를 합성했습니다. 바스케테인(basketane)이란 분자는 바구니 모양입니다. 이렇게 과학자는 우연찮게 예술 같은 작품도 만듭니다.

미술가 중에도 거의 과학자라고 해도 좋을 만한 사람이 있습니다. 레오나르도 다 빈치는 〈모나리자〉, 〈최후의 만찬〉 같은 명화를 남긴 위대한 화가이면서 헬리콥터를 설계하고 해부학 도감을 그릴 만큼 뛰어난 과학자이기도 합니다.

역사상 미술사조 중에서 가장 많이 사랑받고 높이 평가받는 인상주의는 그 자체가 과학입니다. 미술은 시각 예술이기 때문에 반드시 채색 재료가 사용됩니다. 물감의 색은 한정되어 있는데 작가가 표현하려는 색은 아주 미묘합니다. 인상파 화가들은 화실을 뛰쳐나와 순간순간 만들어지는 변화무쌍한 자연의 신비를 나타내고자 했습니다. 그런데 물감은 섞으면 섞을수록 어두워집니다. 물감을 섞어서 어두워진 재료로는 햇빛을 받아 찬란한 이미지를 도저히 표현할 길이 없었습니다.

인상파 화가들은 스펙트럼의 과학을 예술에 끌어들였습니다. 팔레트에서 섞지 않고 밝은 색 조각들을 병치하여 어두워지지 않는 혼색을 고안해 냈습니다. 빨강과 파랑을 미리 섞으면 어두운 보라색이 됩니다. 그러나 밝은 빨강과 밝은 파랑을 나란히 질하고 조금 떨어져서 바라보면 우리 눈의 망막에 밝은 보라색으로 보입니다. 이렇게 과학은 미술과 함께하고 서로 도와줍니다.

필자의 글이 이렇게 멋진 옷을 입고 세상에 나오기까지는 많은 분의 도움

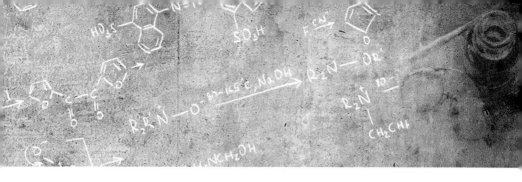

이 있었습니다. 화학의 텐트 안에 있던 필자의 글을 바깥으로 끌고 나오신 「과학동아」의 이현경 기자님, 그간 필자가 아름다운 미술의 길로 가는 데 큰 도움을 주신 미술문화의 김광우·지미정 사장님, 대한화학회의 권위에 흠이 될지도 모를 필자의 졸필을 변함없이 믿어 주신 대한화학회와 역대 임원님들, 편집을 해 주신 남인숙·서강숙 님, 그간 필자의 글을 읽고 많은 격려와 성원을 보내주신 「화학세계」 독자분들, 책 쓴답시고 바쁘다며 엄살하는 필자 대신 고생하신 홍익대학교 화학시스템공학과 교수님들께 이 자리를 빌려 깊은 감사의 말씀을 드립니다. 그리고 부족한 글을 가치 있게 여겨서 기꺼이 산고의 고통을 감당해 주신 출판사 여러분께도 고마운 마음을 전합니다. 늘 옆을 지켜주며 격려해 주는 아내와 두 아이에게도 말할 수 없는 고마움을 전하며, 끝으로 제가 이 길을 가는 데 큰 영향과 도움을 주신 부모님께 감사드립니다.

2007년 10월

전창림

CONTENTS

| 개정증보판 머리말 |
명화에는 과학적 창의력이 담겨 있습니다 • 004

| 초판 머리말 |
과학의 눈으로 보는 미술은 더욱 아름답습니다 • 006

Chapter 1   미술의 역사를 바꾼 화학

마리아의 파란색
치마를 그린 물감

최후의 심판
미켈란젤로 *Michelangelo*   22

3D로 나타낸 실증주의

동방박사의 경배
조토 *Giotto*   32

2061년 귀환하는
헬리 혜성을 기다리며

미술관에서 나누는
과학토크   40

유화를 탄생시킨
불포화지방산

아르놀피니의 결혼
에이크 *Eyck*   42

미술의 역사를 바꾼
불포화지방산이
우리 몸도 바꾼다!

미술관에서 나누는
과학토크   50

화학에는 문외한이었던
천재 예술가

최후의 만찬
다 빈치 *da Vinci*   52

화학반응으로 바뀐
그림의 제목

야경

렘브란트 *Rembrandt* 60

화가를 죽인
흰색 물감

흰색 교향곡 2번

휘슬러 *Whistler* 68

'납'의 문화사

**미술관에서 나누는
과학토크** 76

유흥주점의 벽보에서
기원한 포스터컬러

물랭루즈 라 글뤼

로트렉 *Lautrec* 78

진사와 등황

미인도

신윤복 申潤福 86

먹과 한지의 과학

호취도

장승업 張承業 96

서양의 수채화와
동양의 한국화의
차이

**미술관에서 나누는
과학토크** 104

Chapter 2 화학원소와 화학자를 그리다

청동과 황동으로
빚어낸 천국의 문

천국의 문
기베르티 *Ghiberti*   108

청동의 진화

**미술관에서 나누는
과학토크**   114

연금술의 죽음

프로크리스의 죽음
코시모 *Cosimo*   116

'인'을 발견한
연금술사

**미술관에서 나누는
과학토크**   124

공기의 밀도와
모나리자의 신비

모나리자
다 빈치 *da Vinci*   126

화학의 4원소로
표현한 우주의 근원

아담과 이브
뒤러 *Dürer*   136

밀납과 수은

이카루스의 추락
브뢰헬 *Bruegel*   144

산소를 그린 화가

에어 펌프의 실험
라이트 *Wright of Derby*
152

산소를 발견한
세 명의 화학자

**미술관에서 나누는
과학토크**
158

근대화학의
어머니에 대한 헌화

라부아지에 부부의 초상
다비드 *David*
160

위대한 화학자를
단두대로 보낸 선동화

마라의 죽음
다비드 *David*
168

김홍도의 풍속화에
나타난 '입체이성질체'

씨름
김홍도 金弘道
178

같지만 같지 않은
입체이성질체

**미술관에서 나누는
과학토크**
186

Chapter 3 광학과 색채과학이 캔버스에 들어가다

생과 사를
가르는 굴절률

대사들

홀바인 *Holbein*

190

카메라 옵스큐라의
반사효과

진주 귀고리를 한 소녀

베르메르 *Vermeer*

198

무한과 절대의 포물선

월출

프리드리히 *Friedrich*

206

내면을 표현하는
거울효과

폴리베르제르의 술집

마네 *Manet*

212

거울의 과학

**미술관에서 나누는
과학토크**

220

동역학과
정역학의 공존

오페라 극장의 무용교실

드가 *De Gas*

222

색의 주기율

춤

마티스 *Matisse*

232

색채만으로
입체를
표현하다

마담 마티스

마티스 *Matisse*

240

Chapter 4 스펙트럼 분광학으로 태동한 인상주의

캔버스에 투영된
스펙트럼

인상(해돋이)
모네 *Monet*　　　**248**

분광법,
빛의 색깔을 발견하다

**미술관에서 나누는
과학토크**　　**256**

화가가 내린 색에
대한 과학적 정의

그랑자트섬의 오후
쇠라 *Seurat*　　　**258**

처절한 고통 속에
핀 예술

귀를 자른 자화상
고흐 *Gogh*　　　**266**

춤추는 스펙트럼

별이 빛나는 밤
고흐 *Gogh*　　　**272**

빛과 색에 대한
과학적 보고서

연작 시리즈
모네 *Monet*　　　**278**

따뜻한 햇볕을
그린 화가

피아노를 치는 소녀들
르누아르 *Renoir*　　**286**

Chapter 5 경이로운 과학적 상상력

난류,
비너스의 탄생 에너지

비너스의 탄생

보티첼리 *Botticelli*　294

500년 전의 기괴한 SF

쾌락의 동산

보슈 *Bosch*　302

터널링 효과를 그리다

아담의 창조

미켈란젤로 *Michelangelo*　314

터널링 효과와
조셉슨 효과

**미술관에서 나누는
과학토크**　323

죽음의 그림자를
해부하다

해부학 강의

렘브란트 *Rembrandt*　324

촛불 하나로
밝힌 과학

천구 강의

라이트 *Wright of Derby*　332

이브, 뉴턴, 세잔의 사과

사과와 오렌지

세잔 *Cezanne* 338

과학의 경이로움을 찬양한 화가

태양, 탑, 비행기

들로네 *Delaunay* 346

의학의 상징

구리뱀

틴토레토 *Tintoretto* 356

| 작품 찾아보기 | • 362

| 인명 찾아보기 | • 369

| 일러두기 |

● 해당 인명이 대표적으로 소개되는 부분에서 국문명과 영문명 및 생몰연도를 함께 표기하였다.
　　이후 영문명과 생몰연도를 중복표기하지 않는 것을 원칙으로 하였다.
　　(예 : 레오나르도 다 빈치 | Leonardo da Vinci, 1452~1519)

● 미술 작품은 〈 〉로 묶고, 단행본은 「 」, 논문이나 정기간행물은 『 』로 묶었다.

● 본문 뒤에 도판과 인명 색인을 두어, 화가 또는 가나다 순으로 작품과 인명을 찾아 볼 수 있도록 하였다.

● 외래명의 한글 표기는 원칙적으로 외래어 표기법에 따랐다.

● 작품의 크기는 세로×가로로 표기하였다.

Chapter 1

미술의 역사를
바꾼 화학

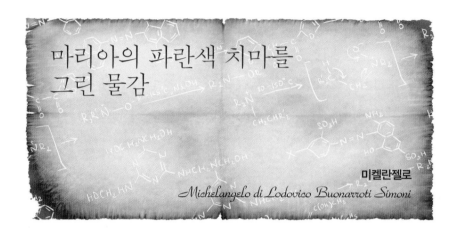

마리아의 파란색 치마를 그린 물감

미켈란젤로

Michelangelo di Lodovico Buonarroti Simoni

시스티나 성당 동쪽 입구에서 바라본 천장화와
서쪽 정면으로 보이는 〈최후의 심판〉

조각가 미켈란젤로Michelangelo di Lodovico Buonarroti Simoni, 1475~1564는 시스티나 성당의 천장화 〈천지창조〉를 그리고 본업인 조각가로 되돌아갔다. 약 25년이 흘러 환갑이 된 그에게 교황 바오로 3세Paulus III, 1468~1549는 선대의 클레멘스 7세Clemens VII, 1478~1534가 계획했던 대로 서쪽 벽에 〈최후의 심판〉을 그리라는 명령을 내렸다. 6년의 작업 끝에 14미터에 달하는 거대한 벽면에 온갖 인간의 형상을 망라한 391명의 육체의 군상이 드러났다. 해부학에 정통하고 원래 조

미켈란젤로, 〈최후의 심판〉, 1537~41년경, 프레스코, 1370×1220cm, 바티칸 시스티나 성당

각가인 미켈란젤로만이 해낼 수 있는 대작이 탄생한 것이다. 이로써 시스티나 성당의 벽화와 천장화로 『성경』을 회화화하는 거대한 작업이 완성되었다.

그림 속 나체에 기저귀를 채워야 했던 웃지못할 에피소드

〈최후의 심판〉은 1541년 10월 31일 모든 로마 시민의 찬탄 속에 공개되었다. 그림 속 인물들은 처음에는 모두 나체였다. 나체가 불경하다고 시민들과 교회의 권력자들이 아우성을 쳤으나 미켈란젤로는 대가의 카리스마로 꿋꿋하게 버텼다. 그러나 1564년 교황 비오 4세Pius Ⅳ, 1499~1565는 나체의 부끄러운 부분을 모두 덧칠로 가리라는 명령을 내렸는데, 연로한 미켈란젤로가 움직이지 않자 그의 제자인 다니엘레 다 볼테라Daniele da Volterra, 1509~1566가 나체에 기저귀(!)를 채우는 임무를 수행했다. 그래서 그에게는 '브라게토네'(Braghettone: 기저귀를 채우는 사람이라는 뜻)라는 별명이 붙었다. 다행히도 미켈란젤로의 또 다른 제자 마르첼로 베누스티Marcello Venusti, 1515~1579가 덧칠하기 전의 작품을 모사해 놓아서 후대에 원작의 모습을 이해할 수 있게 해 주었다.

미켈란젤로는 모든 이들의 반대 속에서 왜 나체로 그렸을까? 그는 원래 조각가다. 또한 신앙심이 깊은 그는 하나님이 당신의 형상대로 창조한 남자의 육체를 이상적인 아름다움으로 생각했다. 그래서 그의 또 다른 대작 〈천지창조〉에서도 하나님의 육체를 근육질을 한 남자로 표현하였다.

그러나 아담의 남성 육체로부터 여성인 이브가 만들어 졌다. 그래서일까. 가장 이상적인 남성상을 구현하기로 유명한 미켈란젤로의 조각과 그림을 살펴보면, 울퉁불퉁한 근육질의 남자라도 젖이 꽤 크며 강인함과 부드러움이 공존한다. 또 그의 신앙심으로 볼 때 인간이 타락하기 전에는 죄성이 없는 순수한 나체였다. 따라서 성인들과 사도들을 모두 나체로 표현한 것은 오히려 당연한 것이다. 그들은 구원받은 하나님이 창조한 원래의 인간상으로서 순수한 나체여야 했다. 그러나 교회는 그들에게 죄악의 기저귀를 다시 채우고 말았다.

〈최후의 심판〉에 대한 교회의 불만은 나체말고도 있었다. 〈최후의 심판〉에는 기독교와는 전혀 어울리지 않는 그리스 신화의 주인공들이 다수 등장한다. 즉 이교도적인 요소가 있다는 지적이 제기된 것이다.

여기에는 미켈란젤로의 높은 교육 수준이 단서를 제공한다. 그는 틀림없이 단테Dante Alighieri, 1265~1321가 쓴 『신곡』을 읽었을 것이고 〈최후의 심판〉 안에 그 영향이 자연스럽게 녹아들어가 나타난 것이다. 오른쪽 최하단에 지옥으로 쫓겨가는 악인들의 군상이 나오는데 그 중 당나귀 귀를 한 지옥왕 미노스를 거대한 뱀이 휘감고 있고 그의 성기를 깨물고 있다. 그리스 신화의 지옥왕 미노스는 『신곡』에도 등장한다. 그런데 그 얼굴이 교황의 의전관 비아지오 다 체세나Biagio da Cesena의 얼굴과 닮았다.

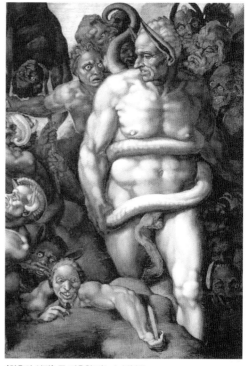

〈최후의 심판〉 중 지옥왕 미노스 부분도

여기에는 다음과 같은 이야기가 전해 온다.

〈최후의 심판〉이 거의 완성되어 갈 때 교황이 의전관 체세나를 대동하고 미켈란젤로의 작업장을 찾았다. 그 때 체세나는 교황에게 이 그림들의 나체가 심히 불경하여 성당보다는 공중목욕탕에나 어울릴 것 같다고 말했다. 이에 화가 난 미켈란젤로는 그를 지옥에서 가장 나쁜 악인인 미노스의 얼굴로 그려 넣었다. 더 재미있는 것은 이것을 알게 된 체세나가 교황에게 그 얼굴을 바꾸도록 명령해 달라고 부탁하자, 교황이 "자네를 연옥(煉獄)*에 넣었다면 내가 부탁해서 구원해 내겠지만 이미 지옥에 있는 이상 어떻게 옮길 수 있겠는가?"라고 대답했다고 한다.

교황 바오로 3세는 미켈란젤로가 메디치가에 있을 때부터, 즉 자신이 교황이 되기 전부터 미켈란젤로를 상당히 좋아하고 그를 언제나 힘껏 밀어 주었다. 그의 그림에 기저귀를 채운 것도 다음 교황인 비오 4세 때의 일이다.

그림 곳곳에 숨어 있는 상징과 비유

〈최후의 심판〉 정중앙에서 약간 윗부분을 보면, 예수가 오른팔은 높이 들고 왼손을 내리 누르는 동작을 하고 있다. 예수의 심판을 상징하는 모습이다. 즉, 오른손으로 의인을 천국으로 올리고, 왼손으로는 악인을 지옥으로 내리는 지시를 하고 있다. 그러나 예수의 육체는 전통적인 표현 양식을 따르지 않고 있다. 이처럼 수염도 없이 운동선수 같은 근육질로 예수를 그린 것은

---

* 가톨릭 교리에서 죽은 사람의 영혼이 살아있는 동안 지은 죄를 씻고 천국으로 가기 위해 일시적으로 머무른다고 믿는 장소.

〈최후의 심판〉 중 예수와 성모 마리아 부분도

〈최후의 심판〉 중 바르톨로메오 부분도

미켈란젤로가 처음이다.

　예수 바로 곁에 고개 숙인 여인이 성모 마리아다. 이는 치마를 파란색으로 칠한 것, 즉 '울트라마린'이라는 염료를 사용한 것으로 추정할 수 있다(울트라마린과 얽힌 이야기는 다음 항에서 자세하게 다루기로 하자). 그런데 성모의 얼굴은 미켈란젤로가 오랫동안 친하게 지냈던 페스카라 공작의 아내인 비토리오 콜로나^{Vittorio Colona}의 모습을 하고 있다. 그 당시 미켈란젤로가 콜로나를 연인으로 사랑한 것 같지는 않다. 오히려 그의 애틋한 사랑을 받은 사람은 미소년 토마소 드 카발리에^{Tomaso de Cavalier}였다. 다 빈치와 마찬가지로 미켈란

〈최후의 심판〉 중 십자가와 군상 부분도(왼쪽),
기둥과 군상 부분도

젤로도 동성애의 의혹을 받았다.

　예수 바로 아래 오른쪽에 있는 사람은 산채로 살가

죽을 벗겨내는 형벌로 순교했다는 바르톨로메오^{Bartholomaeus} 사도다. 오른손에

는 피부를 벗길 때 사용한 칼을 들고 있고 왼손에는 벗겨진 살가죽을 들고

있다. 그런데 고통으로 일그러진 이 살가죽의 얼굴은 미켈란젤로 자신의 얼

〈최후의 심판〉 중 일곱 천사 부분도

굴이다. 아마도 최후의 심판 때 자
신도 이런 심판을 피할 수 없음을
나타낸 것이 아닐까 생각된다.

　미켈란젤로는 화면 맨 위 왼쪽에
십자가를 든 군상을 형상화 했다.
예수를 채찍질했던 기둥을 든 오른
쪽 군상과 대조를 이룬다. 예수 아
래 중앙에는 『신약성경』 「요한계시
록」의 일곱 명의 천사들이 나팔을
불며 마지막 심판을 알리고 있다.

울트라마린과 시트라마린

레오나르도 다 빈치와 마찬가지로 미켈란젤로도 미완성 작품이 많다. 다 빈치는 다양한 사물을 향한 과도한 지적 호기심으로 인해 회화 작품을 완성할 시간을 갖지 못했다. 반면 미켈란젤로는 우유부단한 성격 탓에 작품을 온전하게 완성하지 못한 예가 왕왕 있었다. 〈그리스도의 매장〉이 바로 그러한 미켈란젤로의 미완성 작품 가운데 하나다.

미켈란젤로는 〈그리스도의 매장〉 오른쪽 하단에 누군가를 그려 넣기 위해 빈자리를 남겨 놓았다. 아마도 성모 마리아를 그리려는 자리였을 것으로 추측된다. 그는 왜 성모 마리아를 그리려는 자리를 비워두었을까? 성모 마리아의 얼굴 모델을 찾지 못해서 일수도 있고, 아니면 성모 마리아를 표현하는 데 꼭 필요한 파란색 울트라마린 안료를 구하지 못해서 일수도 있다. 그만큼 울트라마린은 비싸고 귀한 안료였다.

울트라마린의 어원은 '바다'(marine), '멀리'(ultra)라는 말에서 유래한다. 울트라마린의 원료는 청금석(라피스 라즐리:Lapis Lazli)*인데, 당시에는 바다 건너 저 먼 동방의 아프가니스탄에서 질 좋은 청금석이 나온다고 알려졌다. 이 청금석은 황금 다음으로 비쌌다. 그래서 많은 사람들이 그와 비슷한 색을 다른 광석에서 찾거나 다른 방법으로 만들려고 노력했다.

* 청금석(靑金石)
다이아몬드와 유사한 결정 구조를 가지는 석회암 속 광물로, 화학성분은 (Na,Ca)8(AlSiO4)6이다. 아름다운 군청색을 띠지만 때로는 담청색을 나타내기도 한다. 눈으로 보면 반투명하거나 불투명한 유리 광택을 띤다. 열을 가하면 농색이 되며, 좀 더 가열해 녹이면 색이 없는 유리가 된다.

미켈란젤로, 〈그리스도의 매장〉, 1510년, 나무에 템페라, 159×149cm, 영국 런던 내셔널 갤러리

성모 마리아를 채색하는 경우가 아니라면 좀 더 싼 파란색 안료인 아주라 이트(azurite)를 사용했을 것이다. 아주라이트는 남동석이라는 광석에 함유 돼 있다. 보통 구리 광산에서 발견되곤 하는데, 유명한 녹색 안료인 말라카 이트와 함께 출토되는 경우가 많았다. 그래서 같은 파란색이라도 아주라이

트는 약간 녹색을 띤다. 그 당시 아주라이트는 울트라마린에 비하면 값이 매우 쌌다. 유럽 본토에서 생산되었기 때문이다. 그래서 아주라이트는 울트라마린과 대비되는 개념으로 시트라마린(citramarine)이라고 불리기도 했다.

아주라이트는 안정성이 떨어져 시간이 지나면 퇴색되어 칙칙해진다. 〈그리스도의 매장〉에서 막달라 마리아의 옷 색은 칙칙한 갈색이다. 이 그림을 그릴 당시 막달라 마리아의 옷 색은 원래 청색이었는데 변색해서 갈색이 된 것으로 보인다. 결국 미켈란젤로는 성모 마리아를 값이 싼 아주라이트로 칠할 수는 없어서 그 자리를 비워 놓은 게 아닐까? 〈최후의 심판〉 속 예수 옆에 자리한 성모 마리아의 파란색 치마가 필자인 화학자의 눈에 유독 강렬하게 들어온다. _ *Michelangelo*

3D로 나타낸 실증주의

조토
Giotto di Bondone

14세기 초에 조토Giotto di Bondone, 1267~1337가 그린 〈동방박사의 경배〉는 아기 예수
가 태어난 날, 동방(지금의 이라크 지역으로 추정)에서 천문을 연구하던 박사들
이 별을 따라와서 아기 예수에게 경배를 하는 장면(「마태복음」 2장 1~12절)을

표현한 것이다. 그리고 1985년에 핼리 혜
성을 탐사하는 '우주선 조토'*가 발사되었
다. 화가와 우주선의 이름이 같은 것은 단
순히 우연의 일치였을까? 아니면 이 그림
과 우주선은 무슨 관계가 있는 것일까?

＊ 우주탐사선 조토
1996년 3월 14일 오전, 한동안 소식이 끊겼던 우주탐사선이 핼리 혜성 핵의 모습을 지구로 송신해 왔다. 수천 년 동안 두려움과 경외
의 대상인 혜성의 본체가 드러나는 순간이었다. 우주탐사선은 지름 1.85m, 높이 1.1m, 무게 960kg 밖에 되지 않았지만, 많은 천문학
자에게는 숨 막히는 경의의 순간이었다. 1985년 7월 2일, 프랑스 주도의 유럽 우주 기구에서 핼리 혜성 탐사를 위하여 프랑스령 기아
나 우주 센터에서 발사한 우주선의 이름은 조토였다.

조토, 〈동방박사의 경배〉, 1304~6년, 프레스코, 200×185cm, 이탈리아 파도바 아레나 성당

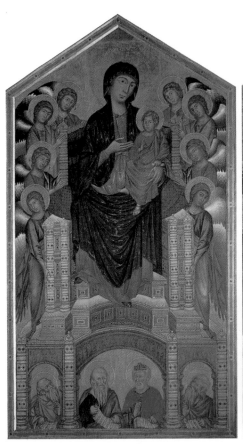

치마부에, 〈천사들의 경배를 받는 성모〉, 1290년경,
프레스코, 427×280cm, 프랑스 파리 루브르 박물관

조토, 〈영광의 성모〉, 1310년, 프레스코,
325×204cm, 이탈리아 피렌체 우피치 미술관

근대 회화의 아버지

700여 년 전으로 돌아가 보자. 어느 날 한 화가가 이탈리아 토스카나 지방을
여행하다가 곱돌로 바위에 그림을 그리는 데 열중한 양치기 소년 조토를 등
뒤에서 조용히 지켜보았다. 화가는 마을 대장장이인 소년의 아버지를 찾아
가 아들을 화가로 키우라고 설득했다. 마침내 허락을 얻고 소년을 자신의 공

방으로 데려가서 도제로 삼았다. 조토를 발굴해 낸 치마부에^{Cimabue,1240~1302}는 당시 이탈리아 최고의 화가였다.

어느 날 조토는 치마부에가 외출한 동안 스승이 그린 인물의 코에 파리를 그려 놓았다. 외출에서 돌아온 스승이 캔버스에 붙은 파리를 쫓으려 했으나 날아가지 않았다고 한다.

조토는 도제로 있으면서도 스승의 화풍을 그대로 따르지 않았다. 창조력이 아주 풍부하고 뛰어나 새로운 예술의 시대를 열기에 충분하였다.

조토는 근대회화의 아버지, 즉 르네상스 미술을 연 위대한 화가로 불린다. 조토를 기준으로 고대회화와 근대회화를 가르는 것이다. 왜 그럴까? 그 이유를 한눈에 보여주는 두 개의 그림을 감상해 보자.

둘 다 성모와 아기 예수를 그린 그림이다. 하나는 조토의 스승인 치마부에의 1290년경 작품이고 다른 하나는 조토의 1310년 작품이다. 두 그림이 그려진 시기는 거의 같으며, 두 작가가 활동한 시기도 같은 중세 고딕 시대이다. 그러나 두 그림은 형식이 전혀 다르다.

치마부에의 그림은 경건함과 웅장함을 잘 표현하였고 사실주의적 묘사가 뛰어나다. 이에 비해 조토의 그림은 세밀한 묘사가 상당히 억제되고, 대신 입체감과 중량감이 드러난다. 치마부에의 그림에서는 모든 사물과 인물이 아주 얇은 종잇장처럼 겹쳐 있다. 그러나 조토의 그림에서는 마치 옷 속에 감춰진 사람들의 몸이 드러난 것처럼 느껴진다. 그리고 앞에 있는 대상과 뒤에 있는 대상 사이에 어느 정도의 간격이 있어서 원근법이 나타난다.

말하자면 치마부에의 그림은 2차원적 선의 표현인 데 비하여 조토의 그림은 3차원적으로 질량이 표현되었다. 또한 조토의 그림에서는 인물의 세밀한 묘사를 생략했지만 표정은 더욱 인간적이고 사실적이다.

이렇듯 조토가 그림에 처음으로 입체적인 질감을 표현했기에 그를 근대회화의 아버지라고 하는 것이다. 사실주의에 입각한 3차원적 사실 묘사는 고대미술과 근대미술을 가르는 분기점이 되었기에 고대 중세미술의 끝도 조토이며, 근대 르네상스 미술의 시작도 조토인 것이다. 이후 두초^{Agostino Duccio, 1418~1498}나 로렌체티 형제^{Pietro Lorenzetti, 1280/85~1348; Ambrogio Lorenzetti, 1290~1348} 같은 위대한 화가들도 다시 치마부에의 화풍으로 돌아가 기존의 화풍이 200년이나 더 계속된 것을 볼 때 조토가 얼마나 시대를 앞선 천재적 예술성을 가졌는지 알 수 있다.

조토는 당시 작가 단테와 매우 친밀한 관계를 유지했는데, 아마도 그의 화풍에는 위대한 문인과의 교분도 영향이 있지 않았을까?

프레스코의 화학과 템페라의 비밀

〈동방박사의 경배〉는 이탈리아 파도바의 아레나 성당에 그려진 연작 중 하나이다. 아레나 성당은 건축가이기도 한 조토의 그림으로 가득 차 있어 마치 그의 개인 미술관 같다. 그림들은 프레스코(fresco) 기법으로 그려졌다. 프레스코는 젖은 석회를 바르고 마르기 전에 물에 갠 안료를 석회에 스며들게 하여 그림을 완성한다. 안료가 석회 속에 깊이 스며들기 때문에 겉면이 손상을 받아도 비교적 원형대로 몇 천 년 동안 보존되는 장점이 있으나, 많은 안료가 석회나 탄산가스의 염기 성분에 반응하여 변·퇴색이 일어나는 단점도 있다.

프레스코는 기원전 수천년 전부터 14세기에 템페라(tempera)와 유화가 발명되기 전까지 널리 사용되었다. 템페라는 색상이 보다 선명하고 붓질이 쉬운 장점이 있으나 접착을 위하여 안료에 달걀노른자를 개어서 사용하므로 오랜 시간이 지나면 벗겨지는 단점이 있다.

조토가 그린 〈동방박사의 경배〉에서 아기 예수를 안은 마리아의 옷은 전통적으로 경건함을 나타내는 파란색이다. 이 그림은 파란색이 조금 남아 있으나 거의 벗겨졌다. 프레스코는 벗겨지지 않는데 어찌된 일일까? 조토가 이곳을 프레스코로 칠하지 않고 템페라 기법으로 칠했기 때문이다. 그 결과 석회벽과의 불충분한 접착력으로 인하여 안료가 거의 떨어져 버린 것이다.

왜 조토는 이 부분에만 템페라를 썼을까? 조토는 하늘의 파란색과 달리 마리아 옷의 파란색을 더욱 선명하고 천상의 광택을 가진 최고의 파란색으로 표현하고자 했다. 그런데 프레스코는 석고가 마른 뒤에는 색이 뿌옇고 광택이 전혀 없기 때문에 옷 부분에만 템페라를 썼던 것이다.

이 그림에서도 조토가 얼마나 입체

조토, 〈동방박사의 경배〉 중 마리아 부분도

적 표현에 뛰어난지를 볼 수 있다. 또한 관념적인 상징만으로 도상적 회화를 그리던 당시의 다른 화가들과 달리 조토는 자연적 사실주의에 입각하여 모델들의 감정을 실제로 살아 있듯이 나타냈다. 이전의 그림들에서는 거의 볼 수 없던 살아 있는 인물들의 표정을 볼 수 있다.

　조토는 그림 속의 소품과 인물 들을 모두 직접 모델을 관찰하여 그렸다. 몇 가지 예를 보자. 인물은 모두 모델을 직접 보고 그렸다. 심지어 마구간의 지붕도 탁자를 직접 보고 그렸다. 다만 낙타는 조토가 직접 보진 못하고 각 부분마다 다른 모델을 보고 그린 듯하다. 낙타의 눈은 사람의 눈과 같고 푸른색이다. 낙타의 발굽은 원래 셋이고 더 넙적한데 그림에서는 말발굽으로 보인다. 또 귀는 당나귀, 주둥이는 말을 보고 그렸을 것이다. 비록 낙타가 실제와 다른 모습이긴 하지만 그마저도 각 부분은 철저히 실재하는 모델을 보고 사실적으로 묘사한 것이다.

미술에서 꽃피운 경험적 실증주의

그런데 왜 핼리 혜성 탐사선의 이름이 조토가 되었을까? 일반적으로 당시까지의 예수 탄생 그림에서는 별빛을, 『성경』 기록대로 동방박사들을 이끌었던 별이 땅의 어느 지점을 비추어 아기 예수가 태어난 곳을 알렸다고 생각해서 땅을 향하게 그렸다. 그러나 조토는 상상만으로 그리지 않았다. 이 그림이 그려지기 조금 전 바로 1301년에 75~6년마다 지구에 나타나는 핼리 혜성이 모습을 나타냈다. 조토는 바로 이 핼리 혜성을 관찰한 바를 그림에 나타낸 것이다. 현대의 핼리 혜성의 모습과 조토가 그린 혜성은 너무도 똑같다.

당시는 철학적으로 기독교 사상 이외에는 받아들여지지 않았으며, 과학적으로는 연금술이 각광받던 시기였다. 룰루스Raimundus Lullus, 1235~1315라는 스페인 연금술사는 값이 싼 다른 금속을 합성하여 금이 되게 하는 '현자의 돌'을 찾았다고 하여 온 유럽에 유명해졌으며 영국에 건너가 자신의 비법으로 600만 파운드의 금을 만드는 사기극으로 국왕 에드워드 3세Edward III, 1312~1377의 총애를 받기도 하였다. 선구자적 화학자인 영국의 로저 베이컨Roger Bacon, 1214~1294은 실증에 의한 지식을 강조하여 "연소는 공기가 필요하다"는 사실을 말하기도 했다.

예술가 조토는 근대과학의 개념과도 일치하는 사실주의의 신념을 가진 천재였다. 근대회화를 연 조토, 근대철학을 연 데카르트Rene Descartes, 1596~1650, 근대화학을 연 라부아지에Antoine Laurent Lavoisier, 1743~1794(160쪽)! 시대는 이삼백년씩 차이가 나지만 그 원리는 대체로 경험적 실증주의로의 전이인 것은 시사하는 바가 크다. 직관을 표현하는 미술이 가장 먼저, 완전한 증거를 토대로 하는 과학이 가장 나중에 꽃을 피운 것도 눈여겨 볼 일이다._Giotto

2061년 귀환하는
핼리 혜성을 기다리며

별빛 가득한 밤하늘에 긴 꼬리가 달린 밝은 천체가 갑자기 나타난다. 우리나라에서는 옛날에 이 천체를 가리켜 사리별, 빗자루별, 꼬리별 등으로 불렀다. 서양에서는 긴 머리털(kometes)에서 유래한 '털이 있는 별'(stella cometa) 또는 '코메트'(comet)라 불렀다. 이 천체가 바로 혜성이다. 혜성은 눈으로 보이는 아름다운 자태와는 달리 얼음과 암석이 서로 엉킨 덩어리를 하고 있다.

옛날부터 혜성은 예측할 수 없이 갑자기 나타나 많은 사람들을 놀라게 했다. 이러한 혜성이 일정 기간 주기로 다시 돌아온다는 사실을 처음 밝혀낸 사람이 영국의 천문학자 핼리Edmund Halley, 1656~1742다.

뉴턴과 친했던 핼리는 뉴턴의 연구 방법을 이용해 1531년과 1607년, 1682년에 나타난 혜성이 같은 궤도를 지난다는 사실을 발견했다. 그리고 이 혜성이 태양 주변을 길쭉한 타원 모양의 궤도를 따라 76.03년의 주기로 움직인다는 사실을 알아냈다. 이후 핼리는 1758년에 같은 혜성이 출현할 것이라고 예언했다. 핼리는 이 혜성을 관측하지

영국의 천문학자 에드먼드 핼리의 초상

핼리 혜성

못하고 1742년에 세상을 떠났다. 하지만 1758년 크리스마스 밤하늘에 핼리가 예언한 혜성이 발견됨으로써 그의 주장은 사실로 판명 됐다. 혜성에는 보통 발견자의 이름을 붙이는데, 핼리 혜성은 예외적으로 발견자가 아닌 주기를 알아낸 핼리의 이름을 붙였다.

1910년에는 핼리 혜성의 꼬리 부분이 지구를 스쳐 지나갔다. 당시 혜성의 꼬리에 '시안'(Cyan)이라는 독성물질이 함유돼 있다는 사실이 알려지면서 많은 사람들이 지구상의 모든 생명체가 죽을지도 모른다고 두려워했지만, 다행히 그러한 참사는 일어나지 않았다. 1986년 되돌아온 핼리 혜성은 1910년만큼 멋진 모습을 보여주진 못했다. 핼리 혜성은 2061년에 새로운 모습으로 다시 지구를 찾아올 것이다.

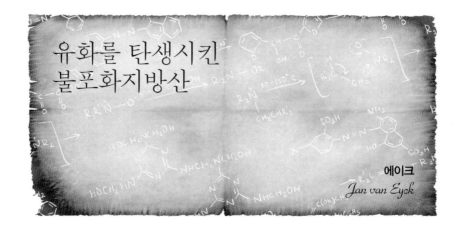

유화를 탄생시킨
불포화지방산

에이크
Jan van Eyck

명화들을 시간의 역사에 따라 훑어 오다가 〈아르놀피니의 결혼〉을 만나면 누구나 깜짝 놀라게 된다. 갑자기 나타난 생생한 색감과 놀라운 테크닉 때문이다. 이전의 그림들에서는 전혀 볼 수 없던 화려한 색채와 살아 있는 것처럼 느끼게 하는 표현을 보고 "1400년대 당시에 어떻게 이렇게 그릴 수 있었을까?" 하고 놀라지 않을 수 없다. 이전의 그림과는 너무도 다르므로 당시에도 사람들에게 엄청난 놀라움을 안겨 주었을 것이 틀림없다. 그 까닭은 바로 물감에 불포화지방산을 이용했기 때문이다.

불포화지방산이 물감에 이용된 까닭

유화의 창시자로 알려진 에이크^{Jan van Eyck, ?~1441}는 식물성 불포화지방산인 아마인유(linseed oil)를 이용하여 이전에는 거의 불가능했던 정교한 붓질이 가

에이크, 〈아르놀피니의 결혼〉, 1434년, 캔버스에 유채, 82.2×60cm, 영국 런던 내셔널 갤러리

에이크, 〈아르놀피니의 결혼〉 중 강아지 부분도

능한 유화 기법을 완성하였다. 지금도 대부분의 유화 물감에는 아마인유가 포함된다. 불포화지방산은 지방산 사슬 중에 불포화기를 포함하고 있어서 녹는점이 낮아 상온에서 액체 상태이다. 이것이 시간이 지나면서 불포화기가 가교결합을 하며 굳어져 단단한 도막을 형성하는데, 바로 이 점을 그림물감에 이용한 것이다.

유화의 발명 이후로 거의 모든 서양화는 유화를 사용하게 되었다. 유화 이전까지는 이 역할을 달걀노른자로 한 템페라로 그림을 그렸으며, 그 이전에는 석고 위에 수성 물감을 스미게 하는 프레스코로 그렸다. 프레스코는 스미고 번져서 색감이 뿌연 데다 정교한 묘사가 불가능했다. 템페라는 붓질이 좀 나아지고 광택도 약간 있었으나 유화에 비해서는 많이 떨어졌다. 이 그림의 강아지를 보면 털 하나하나까지 손에 잡힐 듯 정밀하게 묘사되었는데 템페라로는 도저히 나타낼 수 없는 정교함이다.

유화는 당시 수요가 가장 많은 그림 장르인 초상화에 대단한 영향력을 행사하였다. 다른 그림보다 광택이 뛰어나서 그림의 주인공이 생생하게 살아나는 효과를 주었기 때문이다.

에이크가 처음으로 유화를 사용한 사람은 아니다. 그러나 그에 의하여 유화가 제대로 성과를 나타내고 기법이 집대성되었기에 흔히 그를 '유화의 창시자'라고 한다.

에이크는 1441년에 죽었으나 언제 태어났는지는 알려져 있지 않다. 미술사에서 너무나 중요한 대가이지만 1422년 이전의 그의 생활과 행적에 대해서는 알려진 것이 거의 없다. 어디서 누구에게 그림을 배웠는지도 모른다. 1420년경 갑자기 화려하게 등장하여 플랑드르 지방의 강력한 지배자였던 부르고뉴 필립 공작 Phillippe Le Bon, duc de Bourgogne, 1396~1467의 궁중화가로, 시종무관으로 상류사회에 얼굴을 알렸다. 외교 수완이 뛰어나 공작을 대신하여 중요한 외교 회담을 맡기도 하였다. 형 후베르트 반 에이크 Hubert van Eyck, 1370~1426도 화가인데 형이 시작한 벨기에 겐트의 〈성 바보 성당의 제단화〉를 동생 얀이 완성한 것으로 알려져 있다.

과학자의 시선으로 그림 속 소품을 읽다

〈아르놀피니의 결혼〉은 이전까지 그려진 대부분의 이탈리아풍 그림과 달리 대단히 사실적이고 소품 하나하나까지 정밀하게 묘사되었다. 어느 소품도 우연히 들어가진 않았으며 치밀한 계산과 상징을 담고 그려 넣은 것이다. 원래 이 그림에는 제목이 없었다. 그러나 결혼식을 그린 그림이란 것을 알려주는 상징이 아주 많이 들어 있어 〈아르놀피니의 결혼〉이라는 제목이 붙었다.

우선 그림의 한가운데에 가장 밝게 강조해 그린 것이 맞잡은 손이다. 남녀가 손을 맞잡은 것은 결혼을 나타낸다. 더구나 남자는 오른손을 들고 서약하는 자세까지 취하고 있다. 가운데 위쪽의 샹들리에를 보면 많은 촛대 중 하

에이크, 〈아르놀피니의 결혼〉 중 촛대 부분도

나에만 불이 켜진 초가 놓여 있다. 왜 촛불을 하나만 켰을까? 게다가 창을 보면 밝은 낮이다. 이 촛불은 바로 혼인 양초이다. 중세 이래 결혼식에서 촛불은 중요한 상징물이며, 단 하나의 촛불은 태초의 빛을 상징하여 결혼이라는 신성한 신의 섭리가 시작함을 알린다.

신성한 결혼의 종교적 의미를 위해 가운데 거울 옆에 천주교의 묵주도 보인다. 침대 모서리 위에 있는 작은 목각은 아기 잉태의 수호성녀인 성 마가리타가 사탄을 나타내는 용을 밟고 있는 모양인데 이 결혼이 사탄의 침입 없이 영속되고 아이도 잘 낳아서 행복한 가정을 이루기를 바라는 열망을 담았다.

벽에는 솔이 하나 달려 있는데 이것은 성수를 뿌리는 솔로 보인다. 반대편 창가에 놓인 과일들도 종교적으로 인류의 원죄를 상징하는 금단의 열매를 그리고 있다. 강아지는 충성을 상징하는데 결혼 당사자들의 정절을 나타내고자 하였다.

그림 왼쪽 아래에 신발을 벗어 놓은 것이 보이는데 이것은 『구약성경』「출애굽기」 3장 5절의 "너의 선 곳은 거룩한 땅이니 네 발에서 신을 벗어라"에 근거하여 이 결혼이 신의 축복을 받은 신성한 예식임을 나타낸다.

이 그림에 사용된 소품들은 종교적 신성함만 나타낸 것이 아니라 결혼을 하는 당사자들의 지위와 능력도 나타낸다. 남자는 귀족이나 입는 비싼 자줏빛 털 망토를 입었으며, 여자는 당시 유행하던 녹색 드레스를, 그것도 아주 비싼 털로 된 드레스를 입었다. 창가의 사과 밑에 있는 오렌지는 당시 부자만 먹을 수 있던 고급 과일인데 평범한 자리에 놓음으로써 부자라는 것을 암시한다.

진짜 이 그림의 가치와 내용을 나타내는 두 가지가 남았다. 그것은 가운데 있는 둥근 볼록거울과 그 위에 쓰인 글이다. 에이크는 그림 가운데에 볼록거울을 그려서 방 반대쪽의 정경을 그려 넣었다. 정말 기가 막힌 아이디어다. 그러니까 이 그림은 어안렌즈를 쓰지 않고도 교묘하게 방 전체를 그린 셈이다.

거울에는 두 사람이 보인다. 율법 중의 율법이라는 『구약성경』「신명기」 19장 15절에 보면 두 사람의 증인이 있어야 참이라고 했고, 『신약성경』「요한복음」 8장 17절에서 예수도 율법에서 두 사람의 증인이 있어야 참이라 하였다. 거울 안의 두 사람은 바로 결혼을 보증하는 입회인인 것이다. 볼록거울 바로 위에 "얀 반 에이크가 1434년 여기에 있다"라는 글을 써 넣은 것으로 보아 그 중 한 사람은 아마도 에이크 자신일 것이다. 이렇게 하여 자신이 증인도 되

에이크, 〈아르놀피니의 결혼〉 중 거울 부분도

에이크, 〈성 바보 성당의 제단화〉, 목판에 유채, 1426~32년경, 벨기에 브뤼셀 성 바보 대성당

고, 이 그림은 결혼증서 역할을 하고, 자신의 서명도 한 것이다. 결혼증서 같은 볼록거울 주변에 있는 열 개의 원형 속에는 '그리스도의 고난'(Passion of Christ) 장면이 그려져 있어 신성한 결혼 서약에 엄숙함을 더한다.

신부의 배가 너무 불러 있어서 혹시 임신 중이 아닌가 하는 설과, 결혼은 교회에서 신부 앞에서 하는 것이 일반적인데 입회인 두 사람만 놓고 몰래 하는 결혼이라는 설도 있다. 확실한 것은 아무도 모른다. 다만 몇 가지 추측할 수 있는 상징은 있다.

신부의 머리에 쓴 헤어드레스는 흰색으로 처녀를 뜻하고 순결을 상징한다. 또한 허리를 가는 끈으로 질끈 매고 있는데 임신 중이라면 이렇게 허리를 가늘게 맬 수는 없을 것이다. 당시 여자들은 가는 허리를 강조하기 위하여 허리를 매우 강하게 죄고 치마는 풍성하고 길게 하였다. 에이크의 또 다른 작품인 〈성 바보 성당의 제단화〉에 그려진 이브에서도 볼 수 있듯이, 풍만하게 나온 복부와 그에 대비되어 더욱 강조되는 가는 허리는 당시 이상적인 여성미의 표현이었다.

신부 드레스를 칠한 녹색이 눈을 끈다. 이 녹색은 말라카이트 그린(malachite green)이라는 성분으로, 구리 광맥 속에서 가끔 출토되는 구리 리간드의 구리 카보네이트(copper carbonate)다. 대단히 아름다운 이 녹색 성분의 진품은 kg당 100만 원이 넘는다. 이런 비싼 안료를 화면의 넓은 부분에 칠할 수 있었던 것으로 보아 이 그림의 의뢰인은 대단한 부자라는 것을 알 수 있다. 이 색은 지금은 합성으로 만들지만 여전히 '말라카이트 그린'이라는 고유의 아름다운 이름을 유지하며 많은 화가로부터 사랑을 받고 있다. 그리고 침대 색은 정열적인 빨강으로 하였는데 녹색 드레스와 보색 관계에 있어서 그림 전체에 대단한 생동감을 준다. _ *Eyck*

에이크, 〈성 바보 성당의 제단화〉 중 이브 부분도

미술의 역사를 바꾼 불포화지방산이
우리 몸도 바꾼다!

불포화지방산은 미술사에서 유화를 창조한 혁혁한 공을 세운 것과는 별도로 인간의 건강을 지키는 중요한 역할을 하고 있다. 불포화지방산이라는 다소 어려워 보이는 용어 안에는 우리가 식생활에서 흔히 사용하는 '지방' 즉 '기름'이라는 말이 담겨 있다. '지방'하면 대체로 건강을 해치는 질병의 주범으로 생각한다. 하지만 지방은 바로 이 불포화지방산 덕택에 질병의 주범이라는 혐의를 절반 정도는 벗을 수 있게 되었다. 지방에 산(카복시간 - COOH)이 붙어 있는 것이 지방산이다.

자연에 존재하는 지방산에는 크게 포화지방산과 불포화지방산이 있다. 비만의 원인이 되는 지방은 포화지방산으로 이루어져 있다. 쇠고기나 돼지고기와 같은 붉은 육류에 다량 함유되어 있는 포화지방산은 분자 구조 그림처럼 탄소원자에 수소원자가 모두 붙어 있다. 이러한 포화지방산은 실온에서 고체로 유지된다. 따라서 포화지방산이 우리 몸에 많이 쌓이게 되면 장기 조직 속에서도 고체로 변화할 가능성이 높아 동맥경화 등의 질병을 초래하는 등 다양한 성인병의 주범이 된다.

반면, 불포화지방산은 탄소원자에 수소원자가 부족하여 불포화 되어 있어 다중결합을 이루고 있다. 불포화지방산은 실온에서 응고되지 않고, 물과 같은 유동체 상태를 유지한다. 이러한 불포화지방산은 다시 단일 불포화지방산과 다중 불포화지방산으로 나뉘는 데, 우리 몸의 건강을 해치는 나쁜 콜레스트롤을 감소시키는 올레산이 바로 단일 불포화지방산을 대표한다. 올레산은 올리브유 등에 많으며 일반인이 섭취하는 단일 불포화지방산의 90%를 차지한다. EPA, DHA는 참치나 꽁치와 같은 등푸른생선에 풍부하게 함유된 지방산이기도 하다.

　여기서 한 가지 덧붙일 것은 불포화지방산이 모두 건강에 좋은가하면 그건 아니라는 사실이다. 불포화지방산 중에는 두 가지 구조가 존재하는데 트랜스형과 시스형이다. 체내에서 잘 고체화 되는 트랜스불포화지방산은 포화지방산과 마찬가지로 성인병을 유발한다.

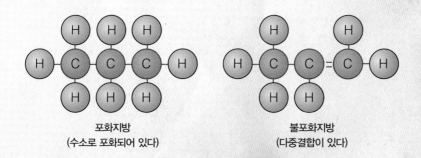

포화지방
(수소로 포화되어 있다)

불포화지방
(다중결합이 있다)

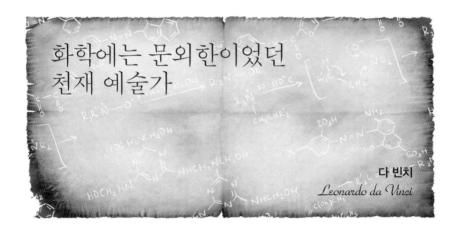

화학에는 문외한이었던
천재 예술가

다 빈치
Leonardo da Vinci

『성경』을 배경으로 미스터리를 풀어 가거나 종교적 신비를 담은 보물을 찾아 나서는 모험담을 담은 소설과 영화가 많다. 스티븐 스필버그^{Steaven Spielberg}의 영화 〈인디아나 존스의 잃어버린 언약궤〉는 『구약성경』에서 예루살렘 성전의 가장 깊은 지성소에 보관된 언약궤*를 찾아가는 모험을 그렸다. 그 안에는 세 보물, 즉 만나** 항아리, 아론***의 지팡이, 십계명 돌판이 들어 있다고 한다. 『신약성경』에는 최후의 만찬에서 예수가 마신 포도주 잔인 성배에 대한 이야기가 나오는데, 영화 〈인디아나 존스의 최후의 성전〉은 성배를 찾아가는 모험을 그렸다.

---

* 「히브리서」 9장 4절, 「신명기」 10장 2~5절, 「출애굽기」 25장 10~16절, 「사무엘상」 3장 3절, 5장 1절~6장 15절, 「사무엘하」 6장 1절.
** 『구약성경』에 의하면 '만나'는 유대인들이 모세의 인도로 이집트에서 탈출하여 먹을 것이 없는 사막을 지날 때 하나님께서 내려주어 백만 명이 넘는 백성이 먹었다는 하늘의 음식이다.
*** 아론은 모세의 형으로 당시 유대인의 제사장 역할을 하였다.

그림에 숨겨진 의문

영화로 제작되기도 한 댄 브라운^{Dan Brown}의 소설 『다 빈치 코드』는 레오나르도 다 빈치^{Leonardo da Vinci, 1452~1519}의 그림인 〈최후의 만찬〉에 얽힌 미스터리를 다루고 있다. 소설은 〈최후의 만찬〉이 단순한 그림이 아니라 다 빈치가 성배에 관한 암호를 나타낸 그림이라는 설정으로 시작한다. 예수님이 한 잔에 포도주를 담아 축사하고 그 잔을 돌렸다는데 사실은 그렇지 않다는 것이다. 〈최후의 만찬〉 그림을 보면 각 사람 앞에 잔이 하나씩 모두 열세 개가 있어서 특별한 하나의 잔이란 없다는 것이다. 그러면서 성배는 잔이 아니라고 했다.

〈최후의 만찬〉이나 〈암굴의 성모〉와 〈모나리자〉에 나타나는 풍경은 지구상에서는 볼 수 없는 지옥의 풍경이라거나 적어도 이탈리아에서는 볼 수 없는 스코틀랜드의 풍경이라는 이야기도 있다. 스코틀랜드에 성배가 숨겨져 있기 때문이라는 것이다. 물론 허구이다. 예수를 중심으로 사람들이 M자를 그려서 암호를 나타냈다고 하는데, 사실은 예수가 "너희 중에 나를 팔 자가 있다" 말하자 제자들이 깜짝 놀라 뒤로 물러나는 순간(「마태복음」 26장 21~22절)을 다빈치가 그렸기 때문이다.

소설 『다 빈치 코드』에는 세 개의 명화가 등장한다. 〈최후의 만찬〉, 〈암굴의 성모〉, 〈모나리자〉로 모두 다 빈치의 그림이다. 그 중에 1498년에 완성된 〈최후의 만찬〉은 다 빈치의 미술 생애 중 비교적 말년 작품에 속한다.

다 빈치는 가족 관계가 매우 복잡하다. 아버지가 결혼 전에 사귀던 여자에게서 사생아로 태어났고, 생모는 다른 사람에게 시집갔다. 그가 태어난 지 넉 달 후 아버지는 드디어 결혼을 했다. 그 후로도 아버지는 세 번의 결혼을 더 했기 때문에 그는 아버지가 둘, 어머니가 다섯이나 되는 복잡한 가족 관

계를 갖게 되었다. 그는 거듭된 아버지의 결혼에도 불구하고 다행히 가족에게서 소외받지는 않았던 것 같다.

다 빈치의 집안과 친척들은 도자기 공방과 물레방아가 있는 농장을 가지고 있어 비교적 부유하였다. 이런 환경에서 그는 일찍부터 예술, 과학, 자연에 대한 흥미를 가졌다. 그는 학교에서 제대로 교육받지는 않았다. 특히 공적인 글, 즉 공증서, 계약서, 추천서 등을 쓰는 것을 싫어했는데 아마도 글에 대한 일종의 열등감이 있었던 것 같다.

다 빈치는 전형적인 천재형 삶을 살았다. 평생 제멋대로 살며 결혼을

다 빈치, 〈최후의 만찬〉, 석고에 템페라와 유채,
1495~98년경, 460×880cm, 이탈리아 밀라노 성 마리아 성당

한 번도 하지 않았고, 동성애로 교회에
서 재판을 받기까지 했다. 심지어 자기
출생에 대해서도 관습적인 결혼에 의하
여 태어나지 않고 열렬한 사랑에 의하여
태어났기 때문에 총명하고 품격이 높을
수밖에 없다는 말까지 하고 다녔다.

과학자들이 가장 좋아하는 화가

다 빈치는 과학자들이 가장 친근감을 느
끼는 화가이다. 그는 사람들이 생각하는
것만큼 회화 작품을 그리 많이 남기지는 않았다. 그러나 작품의 준비나 밑그
림이랄 수 있는 소묘는 엄청나게 많이 남겼다. 이는 그가 그림을 탐구적으
로 그렸다는 것을 의미한다. 그림을 그리다가도 다른 것에 대한 호기심이 생
기면 언제든지 그림을 중단하였기 때문에 미완성인 작품이 많다. 그는 점차
그림보다는 그것이 나타내는 주제, 즉 자연, 인체, 동물, 식물 등 사물 자체의
과학적인 탐구에 몰입해 갔다. 그는 기계공학, 해부학, 건축학, 기하학, 생물
학, 천문학 등 많은 분야에 관심을 보였고 천재성을 드러냈다.

다 빈치는 1469년경 베로키오Andrea del Verrocchio, 1435~1488의 공방에서 미술을 시

베로키오, 〈그리스도의 세례〉, 1472~75년, 나무에 템페라와 유채,
177×151cm, 이탈리아 피렌체 우피치 미술관

작했다. 당시 베로키오의 공방은 매우 유명하고 권위가 절대적이어서 초기 이탈리아 르네상스의 거장들은 대부분 이 공방 출신이었다. 보티첼리, 페루지노, 기를란다요, 크레디, 로셀리, 보티치니 등이 이 공방 출신이다. 베로키오는 제자들에게 원근법, 해부학, 식물학 등을 가르칠 수 있을 정도로 정밀하고 정확한 품격의 그림을 그리도록 했다.

공방에서는 주문 들어온 작품을 종종 협동으로 제작했는데, 베로키오의 작품으로 알려진 〈그리스도의 세례〉에도 다 빈치의 솜씨가 나타난다. 왼쪽 천사의 파란 옷의 주름이나 머리털의 부드럽고 정교한 테크닉이 아직 스무 살도 안 된 다 빈치의 천재성을 보여준다.

공기원근법, 다 빈치의 창조적 발명품

〈최후의 만찬〉은 유화와 템페라 기법을 혼합하여 그린 것이다. 다 빈치는 이런 혼합 기법을 자주 사용하였는데, 이는 그가 화학에 관해서는 상당히 무지하였음을 보여준다. 템페라에 사용하는 달걀노른자는 수분을 거의 50% 이상 함유한 에멀션(emulsion)인데 유화는 기름이므로 수지 균형이 깨어져 상분리(물과 기름이 층으로 분리되듯이 두 상이 섞이지 않고 분리되는 현상)가 일어날 수밖에 없기 때문이다.

모든 분야를 두루 섭렵한 천재 다 빈치도 화학만은 정복하지 못한 것 같다. 그는 납이나 구리를 함유한 색(흰색, 녹색 등)과 황을 함유한 색(버밀리온, 울트라마린 등)을 자주 함께 사용하였는데 이들은 서로 반응하면 갈색이나 검은색으로 변한다. 또한 나무판에 석회를 발라서 평편하게 만들고 그 위에 그림을 그렸는데, 석회는 탄산화하여 울트라마린 등과 반응하면 탈색한다.

플랑드르 출신의 화가 얀 반 에이크가 다 빈치보다 수십 년이나 앞서 정교한 유화 기법을 완성한 것에 비하면 다 빈치의 미술 재료에 관한 화학적 지식은 상당히 취약한 듯하다. 실제로 에이크의 그림은 오랫동안 색채를 잃지 않고 견고했지만, 다 빈치의 〈최후의 만찬〉은 이미 그의 생전에 심한 박락(채색층이 균열되어 떨어지는 현상)이 일어나고 색채도 전체적으로 갈색이나 어두운 색으로 바뀌었다.

〈최후의 만찬〉은 손상이 너무 심하고 수세기 동안 보수와 보수를 거듭하여 거의 알아보지도 못할 지경이 되어 마침내 1980년대부터 대복원 작업을 하여 완전히 새로운 색채로 태어났다. 그러나 올바르게 복원한 것인가 하는 문제점이 제기되었다.

다 빈치, 〈최후의 만찬〉 중 '스푸마토 기법'으로 묘사된 부분도

〈최후의 만찬〉이 그려졌을 당시에 화가들을 포함하여 모든 사람에게서 대단한 찬사를 받았다. 우선 구조가 완벽한 조화를 이루며, 원근법의 정점에 예수가 드러나게 위치되어 있다. 절묘한 순간을 취하여 예수 양쪽의 제자들이 M자로 벌어지고 예수의 머리 뒤에는 밝은 바깥 풍경을 배치시켜 더욱 두드러지게 하는 데 성공하였다. 예수 뒤의 풍경에는 '스푸마토'(sfumato)라는 기법이 쓰였는데, 이는 공기원근법의 중요한 수단이다.

공기원근법은 다 빈치의 창조적 발명품이다. 멀리 있는 사물은 공기의 두께가 두꺼워져 희미하고 뚜렷하지 않게 보인다고 생각하여 그림에서 마치 안개 속에 있듯이 표현하는 것을 스푸마토 기법이라고 한다. 이 기법은 그의 다른 그림에서도 자주 나타나 어느 정도 신비롭게 보이는 역할을 한다.

과학으로는 도저히 풀 수 없는 신비로움의 미학

〈최후의 만찬〉에 나오는 인물은 예수와 그의 열두 제자다. 우선 누가 누구인지를 보자. 왼쪽부터 나다나엘(나중에 산 채로 껍질이 벗겨져 순교), 세베대의 야고보(요한의 형), 안드레(베드로의 동생), 가롯 유다(예수를 배신하고 자살), 시몬 베드로(천주교에서 1대 교황), 사도 요한(유일하게 순교하지 않고 오래 살아서 「요한계시록」을 기록), 예수, 도마, 알패오의 야고보(다대오의 유다의 형제), 빌립, 레위 마태, 다대오의 유다, 시몬(톱으로 썰려 순교)이다.

소설 『다 빈치 코드』에서는 〈최후의 만찬〉에서 예수 옆의 가룟 유다 쪽으로 기울어져 있는 사람이 요한이 아니라 막달라 마리아라고 주장한다. 사실 얼굴이 여자로 보이긴 한다. 웃는 모습이 다 빈치의 최고 명작이라는 〈모나리자〉의 미소와 같다.

그런데 다 빈치가 그린 〈성 요한〉도 〈모나리자〉와 같은 얼굴이다. 만약 요한이 아니라 막달라 마리아라면 예수의 제자를 11명만 그렸다는 모순을 설명할 길이 없다. 다 빈치가 젊은 남자에 대하여 동성애적 성향을 가지고 있었고 요한이 예수의 열두 제자 중에서 가장 나이가 어리다는 『성경』의 기록에 근거하면 이렇게 예쁘장하게 그릴 수도 있을 것이다. 다 빈치도 신비의 인물이며 〈최후의 만찬〉도 신비롭다. 요한의 얼굴과 미소도 신비로우며, 예수 뒤에 나타나는 풍경도 현실적이지 않고 신비한 모습이다. 다 빈치는 자기가 같은 시대의 보통 사람들과는 다른 시대의 인물이란 인상을 풍기는 언행을 자주 하였다. 어쩌면 그는 자기 그림 앞에서 감탄하며 고개를 갸우뚱거리는 후대의 상황을 즐기고 싶었는지도 모르겠다. _ da Vinci

다빈치, 〈성 요한〉, 1513~16년경, 나무에 유채, 69×57cm, 프랑스 파리 루브르 박물관

렘브란트
Rembrandt Harmenszoon van Rijn

렘브란트^{Rembrandt Harmenszoon van Rijn, 1606~1669}의 대표작 중 하나인 〈야경〉은 당시
유행하던 단체초상화인데 여느 그림들과 다르다. 대부분의 단체초상화는
등장인물들이 정렬하여 정적으로 그려지는 데 반하여 이 그림은 매우 역동
적인 순간을 포착하여 드라마틱한 여러 상징을 포함하고 있다. 이 그림의 제
목 '야경'은 잘못 붙여진 것이다. 원래 이 그림은 밤 풍경이 아니라 낮 풍경
을 그린 것이었다. '야경'이라는 제목은 100년이나 지나서 군대나 경찰이 야
간 순찰을 하던 18세기에 전체적으로 어둡고 검은 그림을 보고 추측하여 붙
인 것이다. 원래는 지금처럼 어두운 그림은 아니었다.

그림의 제목이 '야경'이 된 이유

이 그림이 이렇게 어두워진 데에는 많은 원인이 있다. 우선 렘브란트가 상용

렘브란트, 〈야경〉, 1642년, 캔버스에 유채, 363×438cm, 네덜란드 암스테르담 국립 미술관

하던 '키아로스쿠로'(chiaroscuro)(155쪽)라는 회화 기법 때문이다. 이 기법은 전체적으로 어둡게 하고 중심과 강조점만 밝게 처리하여 드라마틱한 효과를 나타내는 것이다. 그러나 이 기법을 쓴다고 모두 밤 풍경이 되지는 않는다. 렘브란트는 이 그림에 키아로스쿠로 기법을 썼지만 밤이 아니었던 것은 명백하다. 강조하기 위해 주위를 어둡고 불명확하게 그렸지만 상황은 정확

히 전달하였다.

　두 번째로 보수(reconstruction)상의 문제이다. 이 그림이 다시 세상에 빛을 보게 된 18세기에는 고전회화는 어두침침한 갈색풍이어야 한다는 생각이 팽배해서 그림 보존을 위해 바니시(varnish)를 덧칠할 때 일부러 황토색 또는 갈색 바니시를 덧칠하였다. 더구나 당시만 해도 회화 보수의 기술이 취약하여 화면에 손상이 갈까봐 정밀한 세척은 하지 못했고 그 위에 바니시 덧칠만 하였다. 그 결과 먼지층이 바니시와 함께 정착되었다.

　세 번째는 재료 화학상의 문제이다. 현대에 와서 엑스레이 등에 의하여 회화층의 원재료에 대한 여러 정보가 알려졌다. 그에 의하면 렘브란트는 다른 화가보다 비교적 연화물 계통의 안료를 즐겨 사용한 것으로 알려졌다. 황토색, 흰색, 갈색 등을 많이 썼는데 모두 납을 포함한 색이었다. 흰색은 '실버 화이트'라고 불리던 연백(lead white)을 즐겨 썼다. 노랑 계통도 연화 안티몬(lead antimoniate)을 많이 사용한 것으로 여겨지는데, 이 색은 현대 화가들 중에서도 흰색과 섞어서 차분하고 갈색과 잘 어울리는 노란색을 만들어 사용하는 사람이 많을 정도로 사랑받는 색이다. 납을 포함한 안료는 황과 만나면 검게 변색하는 특징이 있다.

　렘브란트가 많이 사용한 색 중에 선홍색의 버밀리온(vermilion)은 황화수은(HgS)으로 황을 포함하는 대표적인 색이다. 그림이 검게 변하는 '흑변 현상'은 산업혁명이 한창이던 1857년경에 그려졌던 밀레$^{Jean Francois Millet, 1814~1875}$의 〈만종〉에서도 확인할 수 있다. 〈만종〉은 황혼을 표현한 그림이라 좀 어둡기는 하겠지만 그림이 막 그려졌을 당시에는 지금처럼 탁하고 칙칙하지는 않았을 것이다. 〈야경〉이건 〈만종〉이건, 산업혁명으로 도시 공해가 심해지

밀레, 〈만종〉, 1859년, 캔버스에 유채, 55.5×66cm, 프랑스 파리 오르세 미술관

면서 대기 중의 황산화물(SOx)에 영향을 받았을 것이다.

　이렇게 그림의 색채가 검어지고 그림의 주제가 퇴색하면서 〈야경〉이라는 이상한 이름을 얻게 된 것이다. 그러나 어둡고 칙칙한 느낌을 오래된 그림이라 중후한 매력을 풍긴다며 그냥 넘겨야 할지는 생각해봐야 할 일이다.

명암으로 동작의 전진감을 나타내다

이 그림이 그려진 배경을 보자. 이 그림은 암스테르담의 사수협회의 주문으로 그려진 단체초상화다. '사수'(Klovenier)라는 단어는 '클로벤'(Kloven)이란 네덜란드어로 특정한 종류의 총 이름이다. 당시 네덜란드는 스페인의 간섭에서 벗어나던 중이었다. 특히 암스테르담은 산업과 무역의 발흥으로 북네덜란드 연맹에도 속하지 않고 독자적인 세력을 이루며 떠오른 신흥도시였다. 1585년에 3만 5천 명이던 인구는 렘브란트가 이 도시로 들어온 1631년에 11만 5천 명이 되었으며, 이 그림이 그려진 1642년에는 15만 명에 이르렀다. 자신의 재산은 자신이 지켜야 할 필요성이 생겨 몇 개의 자경단이 결성되었는데, 사수협회는 그들 중 대표적인 단체였다. 그런데 1648년 웨스트팔리아 조약에 의해 홀랜드(Holland)가 독립함으로써 암스테르담 도시만의 사수협회는 별 의미가 없는 단체가 되었다.

이 그림이 완성된 뒤 사수협회에서는 불만을 나타내며 구입하지 않았다. 사수협회에서는 점잖은 권위와 명예를 나타내고 싶어했는데, 이 그림은 당시 일반적인 단체초상화의 형태처럼 모든 등장인물이 점잖게 한 줄 또는 두세 줄로 정렬하여 위엄 있게 묘사되지 않았다는 것이다. 게다가 네덜란드가 독립하게 되어 사수협회 같은 자경단이 필요 없게 된 정치적 상황의 변화도 그림을 구입하지 않은 한 이유였다.

그 무렵 그림에 대한 대중의 취향이 바뀌었다. 즉 로코코풍이라는 다소 경박하고 화려한 그림들이 인기를 얻게 되면서 렘브란트풍의 그림이 팔리지 않게 되었다. 〈야경〉은 1715년이 되어서야 국방청의 좁은 홀에 사방이 30cm 이상을 잘린 채로 조촐하게 걸렸다가 1885년 세계적인 대작으로 재평가받고, 지금은 네덜란드 국립 미술관의 한 방을 차지하고 있다.

그림의 맨 앞 가운데에 늠름하게 선 사람은 단체의 대장인 프란스 바닝 코르크이며, 그 옆에 눈부신 옷을 입은 사람은 부대장인 빌렌 반 루이텐부르크이다. 인물들의 개성이 옷의 색으로 나타난다. 일반적인 색채 기법으로는 밝은 색이 앞으로 튀어나와 보이고 어두운 색은 뒤로 물러나 보이는데, 이 그림에서 렘브란트는 새로운 시도를 성공시켰다. 대장의 옷은 검은색인데 황금색을 입은 부대장보다 앞으로 나와 돋보인다. 하얀 목레이스, 빨간 숄과 앞으로 쭉 뻗은 손의 동작으로 전진감을 나타낸 것이다.

그림의 위쪽 가운데 타원형 명패에는 등장인물의 명단을 써 놓았다. 그림의 왼쪽에 XXX표가 있는 큰 깃발이 보이는데 이것은 암스테르담의 문장기이다. 코르크 대장의 앞으로 펼쳐 뻗은 왼손의 제스처로 사수협회의 발전을 나타낸 한편, 도시의 전진을 도시 상징인 깃발의 장대한 나부낌으로 나타냈다. 부분조명 기법으로 대장과 부대장을 강조하여 시선을 한곳으로 모으는 듯하면서도 또 다른 시선을 끄는 한 부분이 있는데, 가운데 왼쪽에서 안으로 위치한 소녀이다. 인물들의 그림자를 보면 앞쪽 왼쪽에서 빛을 받는 것 같은데 그렇다면 이 소녀가 밝은 것은 다소 이해가 가지 않는다. 화려한 복장에 죽은 닭

렘브란트, 〈야경〉 중 소녀 부분도

렘브란트, 〈렘브란트와 사스키아〉, 1635~36년경,
캔버스에 유채, 161×131cm, 소장처 불명

을 허리에 찬 소녀는 사
수협회의 마스코트이다.

그런데 이 소녀는 몸
은 작으나 얼굴은 어른
이다. 렘브란트 아내인
사스키아의 얼굴이라는
의견이 많은데, 이 그림
이 그려지던 1642년은
사스키아Saskia van Uylenburgh
가 죽은 해이다. 이 그림
을 그리던 시기는 사스
키아가 죽음을 앞두고
병중에서 사경을 헤매
던 때였을 것이다. 렘브
란트는 사스키아가 병을 이기고 일어서기를 바라는 마음을 이렇게 표현했
는지도 모른다.

슬픔 속에서도 잊지 않은 거장의 위트

부대장 뒤의 한 노인 대원의 행동을 보자. 허리까지 구부정한 노인이 총을
입김으로 불어 가며 정성스레 닦고 있다. 그 앞의 대장과 부대장은 영예의
상징물을 하나씩 들고 자랑스레 서 있고 기수도 깃발을 흔들며 약간은 산만

한데, 노인은 그들 뒤에서 조용히 기본을 다지고 있다. 사회는 본래 레이스를 단 자들과 훈장을 단 자들과 깃발을 흔드는 자들에 의해 지배되는 것 같지만 사실은 이렇게 빛도 안 받는 구석에서 기본을 지키는 자들에 의해 천천히 발전해 나가는 것이다. 젊은 패기도 중요하겠지만 이런 노인들의 바탕이 필요 없는 것은 아니다.

렘브란트의 정말 위대한 예술성은 하찮은 곳에서도 확인된다. 이 그림을 그릴 당시 렘브란트는 그리 좋은 상태가 아니었다. 아내가 사경을 헤매었으며, 경제적으로는 파멸 직전에 있었다. 이 그림 이후로 렘브란트의 몰락이 시작되는데, 그는 군대 냄새 나는 이런 역사적이고 엄숙한 대작에 여유로운 한 조각의 웃음을 선사하였다. 왼쪽 아래에 원숭이 한 마리가 뭘 들고 뛰어가고 있고, 오른쪽 구석에서는 조그만 강아지 한 마리가 드럼 치는 사람을 향해 맹렬하게 짖고 있다.

사수협회에서 이 그림을 사지 않은 이유는, 사실은 그들의 권위주의가 렘브란트의 다소 파격적인 유머-원숭이와 강아지의 장난-를 용납할 수 없었던 것은 아닐까?_ _Rembrandt_

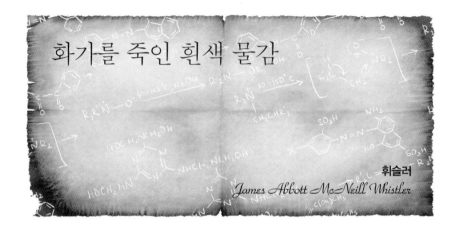

화가를 죽인 흰색 물감

휘슬러
James Abbott McNeill Whistler

휘슬러James Abbott McNeill Whistler, 1834~1903는 미술사에 나타나는 몇 안 되는 미국 태생의 화가이다. 1834년 토목 기술자인 메이저 조지 워싱턴 휘슬러와 그의 두 번째 아내인 안나 마틸다 맥닐 사이에서 셋째 아들로 태어났다. 드물게도 그는 이름에 어머니의 처녀 때 성인 '맥닐'을 간직하였는데, 아마도 어머니에 대한 애정과 존경을 표현한 것이리라. 어머니는 독실한 기독교 신자였으며 그는 어머니를 매우 존경하였다.

화학 과목에서 낙제하여 화가가 되다

휘슬러의 가족은 코네티컷의 스토닝톤과 매사추세츠의 스프링필드에서 살았다. 그러다가 그가 아홉 살 무렵 아버지가 모스크바 철도 건설 기술자로 일하게 되어 러시아의 상트페테르부르크로 이사하였다. 그는 그곳의 왕립

휘슬러, 〈흰색 교향곡 2번〉, 1864년, 캔버스에 유채, 76×51cm, 영국 런던 테이트 미술관

과학 아카데미를 다녔다. 그 뒤 1848년 누나 부부와 함께 런던으로 이사하였다. 아버지가 사망하자 가족과 함께 미국으로 돌아와 코네티컷의 폼프레트에 정착하였다.

휘슬러는 1851년 아버지가 졸업한 웨스트포인트 사관학교에 입학하였다. 상당히 우수한 학생이었으며, 특히 미술에서 두각을 나타냈다. 그러나 졸업을 얼마 안 남기고 화학 성적이 워낙 안 좋아 1854년 결국 학교를 그만 두어야 했다.

휘슬러는 예술가의 길을 가기로 작정하고, 다음해 프랑스 파리로 가서 왕립 미술특수학교와 그레이르 아카데미에서 그림 공부를 하였다. 그는 루브르 박물관의 고전 명작들을 모사하고 습작하는 데 몰두하였다. 친구의 소개로 사실주의의 거장 쿠르베Gustave Courbet, 1819~1877를 만난 이후 오랫동안 교분을 유지하였으며, 그에게서 그림과 인생에 큰 영향을 받았다.

휘슬러, 〈피아노에서〉, 1858~59년, 캔버스에 유채, 66×91cm, 미국 오하이오 신시내티 테프트 미술관

휘슬러의 〈피아노에서〉는 1859년 파리 살롱전에서 낙선하였으나 런던 왕립 아카데미전에서는 대단한 호평을 받았다. 그는 곧 런던 사교계에서 주목받는 명사가 되었다. 휘슬러는 러시아와 프랑스에서 교육받은 미국인으로 매너 좋고 멋을 내기 위해서는 돈

을 아끼지 않는 타고난 멋쟁이였다.

휘슬러는 여행벽이 있었으며, 종종 경제적인 어려움에 처하였으나 모든 삶과 태도를 예술적으로 표현하려 하였다. 단테 가브리엘 로세티Gabriel Charles Dante Rossetti, 1828~1882, 오스카 와일드Oscar Wilde, 1854~1900 같은 각국의 유명 인사들과 친분도 가졌다. 그의 대표작 〈흰색 교향곡 1번〉은 영국 왕립 아카데미전은 물론, 파리 살롱전에서도 거부되었다. 그러나 다음해 낙선전(Salon des Refusees)에서 큰 호응을 받으며 재평가되었다.

하얀 베일로 치명적 독성을 가린 납

1862년 휘슬러가 〈흰색 교향곡 1번〉을 발표했을 때는 이미 2년 전에 윌키 콜린스William Wilkie Collins, 1824~1889가 쓴 『흰옷을 입은 여인』이라는 괴기소설이 출판되어 있었다. 소설과 그림의 제목이 비슷하여 사람들은 적잖이 혼동하였다. 그가 그림 제목을 이렇게 정한 것은 고도의 마케팅 전략이었다. 소설과 그림은 함께 대박이 났고, 흰색 옷과 흰색 가방, 흰색 구두 등 흰색이면 무엇이든지 유행하는 상황까지 이르렀다.

얼마 지나지 않아서는 여인들이 얼굴을 창백하리만큼 하얗게 화장하는 것이 유행하였다. 이런 미백 화장품을 '블룸 오브 유스'(Bloom of Youth)라고 하는데, 말 그대로 젊음을 유지해 준다는 뜻을 담고 있다. 그러나 이 화장품의 주성분은 납으로서 매우 위험한 것이었다. 실제 당시 화장품으로 인한 납 중독으로 사망하는 사례도 있었다.

〈흰색 교향곡 1번〉은 당시 흰색 신드롬에 편승하는 그림으로 간주되어 비평가들 사이에서 혹평을 받았으며, 그림 자체도 너무 밋밋하고 차분하여 대중으로부터 외면당하였다. 그러나 훗날 누드가 아닌데도 몸매와 속마음까지 드러내는 듯한 투명한 분위기를 아주 잔잔하고 깊게 표현한 걸작으로서 그의 대표작으로 평가받는다.

휘슬러, 〈흰색 교향곡 1번〉, 1862년, 캔버스에 유채, 214.6×108cm, 미국 워싱턴 국립 미술관

이 그림의 모델은 '조'라고 불린 아일랜드 태생의 조안나 히퍼넌 Joanna Hiffernan 으로 열아홉 살 때 모습이다. 집안이 너무 가난하여 1860년 휘슬러의 정부 겸 모델이 되었다. 휘슬러의 정식 부인이 아니었는데도 스스로 애버트 부인이라고 불렀으며 그녀의 아버지도 휘슬러를 사위처럼 대했다. 붉은 머리칼이 특히 아름답고 몸매에 기품도 있으나 남자를 끄는 매력이 넘치고 어딘지 모르게 창녀 같은 분위기가 느껴졌다고 한다.

휘슬러는 그녀를 청순하고 순결한 분위기로 그렸다. 그림 속 여인 발밑에는 사나운 동물의 얼굴이 달린 모피를 그려 넣었는데, 그녀에게 내재한 정열과 동물적 야성을 나타내는 듯하다.

주인공이 화면 왼쪽에 치우쳐 있으나 오른쪽을 바라보며 오른쪽으로 손을 뻗고 있어 정적인 상태에서 동적인 분위기를 느낄 수 있다.

쿠르베, 〈잠〉, 1866년,
캔버스에 유채, 135×200cm,
프랑스 파리 프티팔레 미술관

신비로운 흰 치마 속에 그녀의 감추어진 육체적 아름다움뿐만 아니라 내면
적 아름다움을 극대화하였다. 그녀를 향한 휘슬러의 애정이 그림에 짙게 깔
려 있다.

그 시절에는 그림에서 여자는 대개 구조물을 넣어 부풀린 치마를 입었는
데 여기서는 당시로 보면 거의 몸매가 그대로 드러나는 옷을 입은 셈이기
때문에 대중들은 천박하다고 보았다. 거울을 보는 조안나는 아주 아름답다.
당시에는 거울이 외면뿐 아니라 내면도 드러낸다고 믿던 때였는데, 그녀는
거울을 바라보는 모습이 특히 아름다웠다고 한다. 이 그림에는 당시 유럽의
일본 붐이 나타난다. 조안나는 일본 부채를 들고 있고, 벽난로 위에는 일본
화병이 놓여 있을 뿐 아니라 벚꽃이 장식되어 있다.

휘슬러는 조안나를 모델로 하여 여러 점의 걸작을 남겼다. 〈흰색 교향곡 2
번〉도 그녀를 모델로 한 그림이다. 휘슬러는 존경하는 선배 화가 쿠르베에
게 조안나를 자랑을 곁들여 소개하였는데 쿠르베도 그녀에게 끌렸던 것 같
다. 이후에 쿠르베가 발표한 그림에도 조안나를 모델로 한 그림이 몇 점 나
온다. 쿠르베의 〈잠〉은 두 여자가 나체로 서로 엉켜 잠든 모습을 그린 것이
다. 한 여인은 붉은 머리이고, 다른 여인은 금발이지만 몸매와 얼굴이 거의

같은 것으로 보아 조안나를 모델로 두 여자를 그린 것으로 여겨진다. 이 그림은 휘슬러가 여행을 간 사이에 그려진 것이다.

휘슬러가 이 사건 이후로 쿠르베와 조안나 사이를 의심하였을 것은 뻔하다. 그 일로 조안나와의 관계에 심각한 금이 갔는지, 1869년 휘슬러는 조안나와 헤어지고 루이자 화니 핸슨이라는 새 여인을 맞았다. 루이자는 휘슬러의 아들도 낳았다.

화가의 목숨까지 앗아간 순결의 색

휘슬러는 흰색, 특히 연백(lead white)을 즐겨 사용하였다. 연백은 주성분이 납으로서 황과 반응하면 검은색의 황화납(PbS)이 된다. 즉 흰색이 검게 변색할 위험이 있다. 〈흰색 교향곡 1번〉을 보면 이미 많은 부분에 검은 변색과 손상이 나타난다. 이처럼 연백의 납 성분은 사람에게 매우 강한 독성을 가질 뿐 아니라 그림에도 독이 되었다.

안료 중에는 의외로 황을 포함하는 것이 많다. 당시 파란색 중 최고인 울트라마린, 빨간색 중 최고인 버밀리온 등이 황을 포함하였다. 오염된 대기도 황산화물을 포함하였다. 연백은 아마인유를 섞으면 다른 색보다 부착력이 좋아 바탕칠에 애용되었다. 이를 파운데이션 화이트(foundation white)라고 한다. 그러나 그 바탕 위에 울트라마린이나 버밀리온, 카드뮴 옐로(cadmium yellow) 등 황을 포함한 안료를 채색하면 오랜 기간이 지나면 검게 변색하거나 대기 중에 있는 황산화물에 의하여 변색이 일어날 수도 있다.

휘슬러의 대표적 문제작인 〈검정과 금색의 광상곡(추락하는 로켓)〉도 많이

휘슬러, 〈검정과 금색의 광상곡(추락하는 로켓)〉,
1875년, 나무에 유채, 60.3×46.6cm,
미국 디트로이트 미술원

손상되었다. 이 그림에 대해 영국의 예술비평가인 존 러스킨^{John Ruskin, 1819~1910}은 페인트 통을 그냥 던져 뿌린 듯이 보인다며 혹평하였고, 이 평가 때문에 휘슬러는 그림 판매에 영향을 받았다고 하여 재판까지 벌였다.

연백은 다른 이름으로도 불리는데, 은처럼 빛이 나는 특성이 있어 실버 화이트(silver white), 작은 조각처럼 번쩍인다고 하여 플레이크 화이트(flake white)라고도 한다. 휘슬러는 넓은 면에 이 색을 사용하였기 때문에 그의 그림은 바로 앞에서 감상하면 창백한 빛이 아른거리며 묘한 매력을 발산한다. 그는 이러한 매력을 외면하지 못하고 자기 몸이 납에 중독되어 병들어 가는 것도 모르고, 아니면 알면서도 연백을 계속 사용하였다. 연백으로 구름을 그리면 햇빛과 갈등하는 빛나는 구름이 아주 훌륭하게 나타난다고 해서 아직도 이 색을 쓰는 화가들이 있다.

휘슬러는 문학과 음악의 추상성을 사랑하여 '교향곡'이나 '광상곡' 같은 음악과 관련한 용어를 그림 제목으로 많이 썼다. 또 '조화'나 '정돈' 같은 고전 덕목을 중요시했다. 그래서 그의 그림에는 이런 단어들이 제목으로 사용되기도 했다. 그의 미학적 신념은 저서 『10시의 강의』(1885)와 『적을 만드는 점잖은 예술』(1890)에 잘 나타나 있다.

휘슬러는 1886년 영국미술가협회 회장, 1898년 국제미술가협회 회장으로 당선되는 등 미술계와 미학의 발전에도 큰 발자취를 남겼다. _Whistler

'납'의 문화사

1965년경 사회학자 길필란[S.C. Gilfillan]은 "로마제국은 납 중독으로 멸망했다"는 매우 충격적인 내용을 담은 논문을 발표했다. 당시 로마인들은 납의 지나친 애용가들이었다. 그들은 음식을 담는 그릇은 물론, 물을 연결하는 배수관과 화장품, 염료 등에 이르기까지 납 성분을 활용했다. 무엇보다 끔찍한 일은 로마인들이 '납설탕'이라는 감미료를 즐겨 먹었다는 사실이다. 당시 로마인들이 즐겨 마셨던 와인은 천연효소를 사용하여 주조하였기 때문에 신맛이 강했다. 그들은 신맛을 없애기 위해 납으로 만든 주전자에 포도즙을 넣고 끓여 사파(sapa)라고 하는 단 맛이 나는 초산납(납설탕)을 만들어 와인에 섞어 마셨다. 당시 사파는 와인 뿐 아니라 다른 식품에도 감미료로 사용되었다. 심각한 납중독을 일으키는 사파는 뇌 손상, 불임, 뼈 훼손, 신장 장애 등을 야기하면서 로마인들을 죽음으로 몰아넣었다.

특히 납이 미백 화장품의 주요 성분으로 사용되면서 동서고금을 막론하고 수많은 여성들을 괴롭혔다. 클레오파트라[Cleopatra, BC69~BC30]는 황화안티몬을 주원료로 하는 '콜'(khol)이라고 하는 검은 가루로 그 특유의 눈 화장을 했고(이후 콜은 마스카라로 발전하게 된다), 이로 인해 안질에 시달렸다. 수많은 초상화의 모델이 된 영국의 엘리자베스 1세[Elizabeth I, 1533~1603] 여왕은 '베니스분'이라는 납성분을 함유한 백분으로 천연두 자국과 거친 피부를 가렸다.

납이 든 화장품은 동양의 여성에게도 치명적이었다. 최근 일본 산업의과대학이 발표한 연구 보고서를 보면, 막부시대 무사 계급의 후손들의 골격에서 다량의 납 성분이 발견되었다는 흥미로운 자료가 눈에 띈다. 당시 일본 무사들의 아내들이 사용하는 화장품은 후대에 치명적인 납중독을 일으키면서, 불임과 함께 기형아, 장애아, 저능아 출산을 일으켰다는 것이다. 다소 인과관계의 비약이 있어 보이긴 하나, 납중독이야말로 막부시대의 종말을 고하는 중대한 원인 가운데 하나로 꼽힌다는 것이다.

화장품으로 인한 납 부작용은 20세기 초 우리나라에서도 있었다. 쌀가루로 만든 백분에 접착력이 뛰어난 납가루를 혼합하여 '박가분'(朴家粉)이라 불리는 화장품이 당시 여성들 사이에서 유행하였다. 물론 박가분을 사용한 여성들의 얼굴이 온전할 리 없었다. 수많은 여성들이 심각한 피부질환에 시달렸으며 일부 여성은 납중독 증상이 심해지면서 정신장애까지 앓기도 했다.

1. 귀도 레니, 〈클레오파트라〉 중 얼굴 부분도, 1640년, 캔버스에 유채, 이탈리아 피렌체 팔라초 피티가(家)
 _ 콜 성분이 담긴 검은 가루로 눈화장을 한 클레오파트라의 눈매가 은근히 묘사되었다.
2. 마르쿠스 헤라르츠, 〈엘리자베스 1세〉 중 얼굴 부분도, 1592년, 캔버스에 유채, 영국 런던 국립 초상화 미술관
 _ 초상화 속 엘리자베스 1세의 얼굴은 베니스분 탓인지 창백하기까지 하다.
3. 호소다 에이시, '우키요에' 중 얼굴 부분도, 1780년대경 _ 일본의 무로마치부터 에도 시대(14~19세기)까지 제작된 풍속화인 우키요에 속 여성의 얼굴은 납 성분의 화장품 탓에 유독 하얗게 채색되어 있다.

유흥주점의 벽보에서
기원한 포스터컬러

로트렉

Henri-Marie-Raymonde de Toulouse-Lautrec-Monfa

포스터가 예술의 지위를 얻게 된 것은 순전히 로트렉Henri-Marie-Raymonde de Toulouse-Lautrec-Monfa, 1864~1901 덕분이다. 우선 오른쪽 포스터 상단과 하단에 나타난 글의 내용을 보자.

상단 : Moulin Rouge, Concert Bal, Tous les Soirs, La Goulue

물랭루즈 카바레에서 매일 저녁, '라 글뤼'라는 댄서의 무대가 있다.

하단 : les Mercredis et Samedis, Bal Masque

수요일, 토요일마다 가면무도회가 열린다.

미술 애호가의 수집품이 된 유흥업소 포스터

1889년 조셉 올러Joseph Oller와 샤를 지들러Charles Zidler가 르누아르의 그림에도

나오는 갈레트 풍차 바로 옆에 카바레 겸 무도장 물랭루즈를 개장하였다. 물랭루즈는 '빨간 풍차'라는 뜻이다. 이곳은 곧 파리 몽마르트르 지역의 밤의 명소가 되었다.

'라 글뤼'(La Goulue: '욕심이 많다'는 뜻)라는 별명을 가진 루이스 웨버Louise Weber, 1866~1929라는 댄서는 나중에 프랑스 캉캉 춤의 전형이 된 '샤위'(chahut)라는 춤을 춰서 유명해졌다. 샤위는 흥겨운 음악에 맞춰 다리를 계속 머리 위로 쳐들다가 마지막에는 두 다리를 곧게 앞뒤로 펴서 바닥에 주저앉는 동작으로 끝나는 열정적인 춤이다.

'뼈가 없다'는 뜻의 '르 대조세'(Le Desosse)라는 별명을 가진 발랑탱Jacques Renaudin 'Valentin', 1843~1907은 코, 턱, 광대뼈가 뾰족한 독특한 외모에 반짝이는 중절모와 양복을 입고 다니며 춤을 대단히 열정적으로 추었다.

이 포스터는 발랑탱과 라 글뤼가 춤추는 장면을 그린 것이다. 당시 석판화로 약 3,000장을 제작하여 파리 전역에 붙였는데, 독특한 색채와 예술 감각으로 수집가들이 뜯어가 버리는 일이 빈번하였다.

로트렉이 미술사에서 차지하는 위치는 매우 독특하며 중요하다. 그에 의하여 일러스트 혹은 포스터라 불리는 장르가 예술로서 대접받게 되었고, 석판화도 비로소 기법적 완성을 보아 이후 비약적으로 발전하였다.

로트렉은 석판화 포스터를 만들기 전에 효과를 보기 위해 그림을 먼저 그렸는데 크레용, 파스텔, 유화, 수채화 등 거의 모든 재료를 동원하였다. 특히 수채화를 진하고 두껍게 사용하였는데 이는 이전에는 없던 기법이다. 포스터는 인쇄 효과가 나야 하기 때문에 광택이 있으면 안 되므로 유화나 수채화를 쓸 수 없었다.

로트렉,
〈두 여자와 물랭루즈로
들어오는 라 글뤼〉, 1892년,
판지에 유채, 79.4×59cm,
미국 뉴욕 현대 미술관

이후 디자이너즈 가슈(Designers' Gouache)라는 첨단 화구가 탄생했다. 쉽게 말하면 무광 불투명 수채물감이다. 이것을 우리나라와 일본에서는 포스터컬러라고 부른다.

로트렉은 지금 식으로 말하자면 상업미술가가 아니라 순수미술을 하는 화가이다. 그러나 그가 그린 포스터들을 보면 마케팅에 천부적인 감각이 있었던 것 같다. 물랭루즈(Moulin Rouge)라는 글귀를 세 번 반복하여 시선을 모음으로써 보는 사람의 뇌 속에 각인시키는 데 성공하였다. 춤추는 사람들로 만든 검은색 배경은 밤의 축제를 잘 나타낸다. 전체적인 색은 주황색과 노란색으로 경쾌한 분위기를 자아낸다. 그리고 당시 장안의 화제가 된 라 글뤼의 환상적인 춤 자태와 발랑탱의 독특한 실루엣이 보는 사람들의 기억 속을 파고든다.

액자 속 미술을 미디어로 끌어내다

로트렉은 1,000년 이상을 내려오는 프랑스의 유서 깊은 귀족 가문 출신인 알퐁스 백작의 아들로 태어나 집안의 사랑을 독차지하였다. 몸이 허약하여 학교를 그만두고 파리로 올라와 열 살 때부터 그림을 그리기 시작했는데 처음부터 대단한 재능을 보였다.

로트렉 사진

불행하게도 로트렉은 열세 살과 열네 살 때 두 번에 걸친 사고로 하반신 발육이 정지되어 성인이 된 후에도 다리가 짧고 키가 152cm밖에 안 되는 기형적인 외모를 갖게 되었다.

로트렉은 자신의 혐오스러운 신체에 대한 열등감과 귀족 신분으로서의 자존심이 묘하게 뒤섞여 사회에 반항적이고 관습에 따르지 않는 외곬의 성격이 되었다. 아마도 스스로 말했듯이 다리의 장애가 없었다면

위대한 화가가 되지 못했을
것이다.

로트렉은 모네, 고흐, 드가
등과 함께 후기인상파 시기
에 활동을 하였으나 그의 화
풍은 어느 유파에도 속하지
않는다. 많은 인상파 화가와
교류가 있었으나 공부를 하
는 성격도 아니었고 그들의
이론에 관심을 기울인 적도
없었다. 반항적이고 비관적
인 성격으로 주위의 염려에
아랑곳하지 않고 여자와 술
에 빠져 지냈다.

로트렉은 평생 인물만을

로트렉, 〈세탁부〉, 1889년, 캔버스에 유채, 93×75cm, 개인 소장

연구하였으며 특히 사회 밑바닥에서 처절하게 사는 사람들의 삶과 내면의
슬픔을 그만의 독특한 필치로 그려냈다. 무대는 대개 카바레, 술집, 빈민가
등이었다.

로트렉은 포스터만 그리지는 않았다. 〈세탁부〉는 초기의 유화 작품으로,
그의 재능이 잘 나타나 있다. 일하는 장면이 아닌 쉬는 장면에서 진짜 피곤
함을 잘 드러냈다. 탁자에 손을 짚은 어깻죽지에 힘이 들어가 있고, 왼쪽 골
반도 힘을 줘서 올라가 있는 것을 보면 꽤 오랫동안 서 있었기에 다른 한쪽

로트렉, 〈로자 라 루스〉,
1887년, 캔버스에 유채,
72.3×49cm,
미국 필라델피아 반즈 컬렉션

발의 힘을 빼고 쉬고 있다는 것을 알 수 있다. 꼭 다문 입과 방향이 없는 무
표정한 시선에서 절망감과 내면의 슬픔에 녹아 있는 분노까지 보이는 듯하
다. 로트렉의 또 다른 명작 〈로자 라 루스〉는 그가 즐겨 그렸던 소재인 거리
의 카르멘을 그린 것이다.

1885년 로트렉은 자신이 가장 사랑하는 거리 몽마르트르에 정착하였고,

이후 '몽마르트르의 영혼'으로 불리었다. 그곳에서 그는 카바레와 술집과 창녀촌을 들락거리며 환락가의 내면 모습을 그렸다. 그는 수많은 포스터를 석판화로 제작하며 파리를 정복해 갔고, 술은 그를 정복해 갔다. 서른이 넘어서는 알코올중독에 의한 정신이상 증세까지 생겨 요양소에도 들어갔다. 그러다가 어머니의 지극한 돌봄도 소용없이 서른일곱의 젊은 나이로 사망하였다.

로트렉의 사후 남아 있던 그림들은 그가 태어나 자란 알비의 미술관에 기증되었고, 미술관은 이름을 툴루즈 로트렉 미술관으로 바꾸었다.

37년의 짧은 세월에 삶도 모범적이지 않았으나 로트렉이 미술사에 끼친 영향은 대단하다. 그는 평생 거의 책을 읽지 않았으나, 그를 연구하고 그를 묘사하는 책은 수를 셀 수 없을 만큼 많이 출판되었다. 그는 액자 속에 있던 미술을 미디어의 세계로 이끌어 낸 선구자로서 어쩌면 현대 사회에 가장 많은 영향을 끼친 화가 가운데 한 사람일지도 모른다. _Lautrec

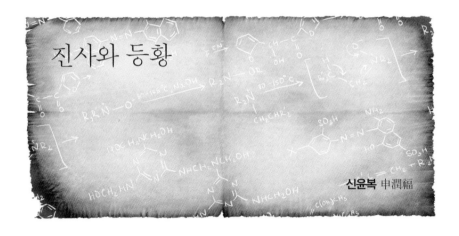

진사와 등황

신윤복 申潤福

조선 후기의 대표 화가 신윤복[1758~?]과 김홍도[1745~?]에 얽힌 미스터리를 다룬 이정명의 소설 『바람의 화원』을 영상으로 옮긴 드라마가 방영되고 영화도 만들어졌다. 17세기 네덜란드 화가 얀 베르메르의 그림을 다룬 영화 〈진주 귀고리 소녀〉와 장인의 대결이 흥미로웠던 드라마 〈허준〉을 섞어 놓은 것 같은 내용이다. 『바람의 화원』은 아주 재미있고 유익한 소설이지만 옥의 티인 것은 신윤복을 여자로 설정한 부분이다. 그럴 가능성이 거의 전무하고 소설의 박진감과 구성의 완성도를 오히려 떨어뜨린 듯하다. 그러나 어찌되었건 참 재미있는 소설인 것만은 사실이다.

소설을 영화화한 대부분이 그렇지만 역시 원작이 가장 재미있었다. 이 책 덕분에 우리의 옛 그림에 대한 대중적 관심이 커져서 참 기쁘다. 사실 그동안 필자도 우리 전통 그림 보다는 주로 서양화를 감상해왔었다. 그런데 신윤복의 그림들을 보면서 우리 옛 그림에 이렇듯 재미있는 이야깃거리가 많고,

신윤복, 〈미인도〉,
1805년경,
비단에 담채,
113.9×45.6cm,
간송 미술관

또 그림 속에 읽어낼 요소들이 풍부하다는 것에 놀라지 않을 수 없었다.

신윤복의 〈미인도〉에 묘사된 치명적인 색의 정체

신윤복은 김홍도, 김득신과 더불어 조선 후기의 3대 풍속화가 중 한 명으로 본관은 고령, 자는 입부(笠夫), 호는 혜원(蕙園)이다. 중인 출신 화원이었던 신한평의 아들로서, 그 역시 도화서(圖畵署) 화원이 되어 벼슬도 했으나 저속한 여인 그림을 즐겨 그린다하여 도화서에서 쫓겨난 것으로 전해진다.

신윤복은 서민들의 생활을 주로 그린 김홍도와는 달리 양반과 기녀 간의 애정사를 주로 그렸고, 섬세하고 유연한 선과 색채의 달인이었다. 소설에서는 이 점에 착안하여 신윤복이 여자라고 설정하였다. 즉, 여자가 아니고서는 여인의 마음을 그처럼 섬세하게 표현할 수 없으리라는 것과 그의 화풍 자체가 여성적이라는 점에 주목하였다. 그러나 이는 어디까지나 허구를 담은 소설이다.

신윤복 이전까지 조선의 그림은 여인을 주인공으로 그린 적이 없었고 인물의 심리상태, 특히 여인의 심리상태를 이처럼 회화적으로 표현한 적이 없었다. 조선시대에는 여인이 그림의 주인공이 될 수 없었다. 당연히 여성의 초상화도 없다고 할 수 있다. 조선의 미인도는 서양의 초상화나, 중국이나 일본의 미인도와 다르다. 그들의 초상화는 특정인의 모습을 사진처럼 남기려는 목적으로 그려지는 게 대부분이다. 그러나 조선의 미인도는 이상화된 여성의 아름다움을 그림으로 남기려는 목적으로 그려졌다. 특정인이 아니었고 사실성 여부도 관계없었다. 조선의 사미인도(四美人圖)는 네 명의 궁녀나 기녀를 그리는 그림인데 여성의 아름다움을 감상하는 그림이 아니라 놀랍게도 여인을 멀리하라는 교훈이 담긴 그림이다. 즉 '여자를 멀리하다'를 한자로 사녀(捨女)라 하므로 소리가 같은 사녀(四女)를 그린 것이다. 미인도도 당시의 이상적인 여인상, 즉 단정하고 기품있고 조용하고 후덕하고 순종적인 인물을 그려서 여성들은 그를 보고 배우고 남성들은 그런 여인을 아내로 얻으라는 교훈을 담고 있다.

신윤복의 〈미인도〉에 나타난 조선의 이상적 여인상을 살펴보자. 키는 서양처럼 8등신이 아니라 7등신쯤 된다. 머리는 칠흑처럼 검고 단정히 빗었다. 얼굴형은 현대의 미인형처럼 갸름하지 않고 볼에 살이 통통하게 붙어있는 달걀형이다. 눈썹은 짙지 않고 가늘고 초승달같이 둥글다. 현대에서는 크고 동그란 눈을 선호하나 미인도의 눈은 가늘고 작다. 속눈썹도 없고 쌍꺼풀도 없다. 입도 현대 기준으로 보면 너무 작다. 목은 가늘고 길며 어깨는 넓지 않고 목선이 연결되듯이 곡선으로 빠져있다. 유방은 작거나 아예 표현되지 않았다. 그러나 엉덩이는 크게 그렸다. 아이를 잘 낳는 여인이 아름답다는 시대적 미인상을 나타냈다. 손은 작으나 손가락은 가늘고 길어서 섬섬옥수(纖纖玉手)로 부를 만하다. 현대의 미인과는 사뭇 다른 모습이다.

신윤복은 우리나라 어느 옛 화가들보다 색채를 잘 구사하였다. 그가 그린 〈미인도〉에서도 치마의 옥색과 속치마 고름의 붉은 색이 눈에 띤다. 특히 이 붉은 색은 진사(辰砂)라는 광물에서 얻어지는 주(朱)색인데 황화수은(HgS)으로서 독성이 매우 강하지만 변색이 잘 안되고 색이 아름다워 동서양을 막론하고 오랫동안 화가들의 사랑을 받아 왔다. 이 그림도 200년이 넘었지만 아직도 붉은 색이 선명하다. 서양의 버밀리온이 바로 이 색이다.

신윤복, 〈단오풍정(端午風情)〉, 제작연도 미상, 종이에 담채, 28.2×35.6cm, 간송 미술관

    소설에서는 화원을 독살하는데 등황(橙黃)이라는 안료를 사용한 장면
이 나온다. 등황은 중국, 태국, 실론 등지에 자생하는 망고스틴 나무의 줄
기에서 채취하는 수액으로 만드는데, 폴리페놀(polyphenol)계의 감보지산
(gambogic acid)이 주성분으로 독성이 있어서 7g 이상을 먹으면 죽음에 이른
다고 알려져 있다. 조선시대에는 월남에서 들여왔기 때문에 월황(越黃)이라
고도 했다. 서양에서 'Gamboge'라고 부르는 색이다.

신윤복, 〈월야밀회(月夜密會)〉, 제작연도 미상, 종이에 담채, 28.2×35.6cm, 간송 미술관

그리움을 그린다는 것

소설에서는 신윤복의 그림 스물한 점과 김홍도의 그림 열네 점이 나온다. 신
윤복의 그림은 특히 여인의 심리 묘사가 탁월하다. 그의 유명한 〈단오풍정〉
을 보면 춘정을 일으킬 정도로 여성의 심리와 몸매의 묘사가 뛰어나다. 빨간
치마 옆에 파란 치마를 두어 긴장된 색채 대비를 잘 구사하였다. 여인들은 모
두 기생인 것 같은데 오른쪽에 남루한 한 여인을 등장시켜 묘한 대비를 불러
일으키고 있다. 신윤복의 그림에는 에로티시즘이 강하게 나타나 있으며 몰래
훔쳐보는 관음증이 결부된 그림이 많다. 왼쪽 바위틈에서 두 동자승이 여인

들을 훔쳐보고 있다.

신윤복의 화풍을 보여주는 그림 하나를 더 감상하자. 〈월야밀회〉는 밤중에 남녀가 만나는 것을 한 여인이 훔쳐보는 장면이다. 남자는 군복을 입고 손에 장창을 들고 있으니 군관인 것 같다. 옷차림이 남루한 여인이 오른쪽 어깨를 뒤로 빼는 것을 보면 밤에도 마음껏 돌아다닐 수 있고 공권력을 행사할 수 있는 권력을 가진 군관이 힘없는 처지의 여인을 반강제적으로 붙잡았다는 것을 유추할 수 있다. 옆 담에 붙어 숨어서 엿보는 여인은 옷차림으로 보아 군관의 부인이거나 군관과 정통했던 기생일지 모른다. 그런데 이 여인의 발 모양을 좀 보자. 양 옆으로 짝 벌려 담에 바짝 붙어 있는 상황을 긴장감 있게 그려내고 있다. 게다가 이 그림은 시선의 방향이 하나가 아니다. 하나는 담에 붙어서 엿보는 여인의 시선이고 또 하나는 화면 오른쪽 아래 담 밖에서 이 장면을 그리고 있는 화가의 시선이다. 서양화에서 세잔이 보여주는 다시점 기법을 신윤복은 이 그림을 통해 실험하고 있는 것이다. 이처럼 그는 기존 회화의 원칙과 법도를 과감히 깨트리고 새로운 예술을 열었다.

신윤복 화풍의 에로티시즘 경향을 극명하게 보여주는 그림이 있다. 〈이부탐춘〉(과부가 춘정을 탐한다는 뜻)이라는 그림은 두 여인이 나무 가지에 앉아 마당의 개 둘이 짝짓기하는 것을 바라보는 장면을 그린 것이다. 한 여인은 양반집 여인, 옆 여인은 그 몸종일 것이다. 그런데 주인공 여인의 하얀 상복은 이 여인이 남편이 죽은 과부라는 것을 나타내고 있다. 이 여인이 그 장면을 보면서 살짝 웃고 있으니까 옆의 몸종이 주인 여자의 허벅지를 꼬집고 있다. 과부의 발이 한껏 양옆으로 벌려진 것은 그 여인의 심리상태를 나타낸다. 신윤복은 이런 심리 묘사가 탁월하다. 왼쪽 여인들의 내원 바깥쪽에 흐

드러지게 피어있는 나무는 복숭아나무로서 당시 복숭아는 그 색과 생긴 모양 때문인지 여인의 성적 욕망을 부추긴다하여 내원에는 심지 않았다고 한다. 그 복숭아나무가 담 안으로 넘어와 있는 것은 이 여인들의 바깥을 향한 욕망을 나타낸다.

그런데 이 그림의 왼쪽 담을 보면 좀 이상한 점이 보인다. 담의 앞쪽보다 먼 뒤쪽이 더 크게 그려져 있다. 원근법적으로 보면 거꾸로다. 담을 사선으로 만들 리는 없다. 이것은 사실적으로는 명백한 모순이지만 한국화에서는 흔히 사용되는 역원근법이다. 조선의 화가들도 원근법을 모르지는 않았다.

신윤복, 〈이부탐춘(嫠婦貪春)〉, 제작연도 미상, 종이에 담채, 28.2×35.6cm, 간송 미술관

그러나 우리 전통 그림은 원래 있는 사실을 그린다기보다 내면의 세계를 표현하는 서화에서 출발하였기 때문에 그림에서도 중요한 것을 크게 그리고 아울러 멀리 있어도 우리의 생각을 붙잡을 곳을 크게 그렸다. 이 그림에서는 여인의 시선에서 보는 방향이 위에서 아래쪽이기 때문이다.

〈야금모행〉이라는 그림은 흰 도포를 입은 양반이 붉은 옷을 입은 별감을 내세워 야밤에 수청들 기생을 데리고 가는 장면을 그린 것이다. 그림의 오른쪽에 등을 진 동자가 앞서고 있는데 그 키가 현실에 맞지 않게 작다. 이것은 그의 신분이나 중요도가 다른 사람들에 비하여 현저히 작다는 것을 나타낸 것이다.

신윤복, 〈야금모행(夜禁冒行)〉, 제작연도 미상, 종이에 담채, 28.2×35.6cm, 간송 미술관

신윤복의 작품을 감상하면서 남녀의 그리움만큼이나 솔직하고 인간적인 것이 또 있을까 하는 생각이 들었다. 예나 지금이나 점잖은 고위대작들은 겉으로는 그것을 천박한 속물로 여기지만 말이다. 불현 듯 소설에서 나오는 글귀 하나가 떠올랐다. 신윤복 그림에 대한 마침글로 이보다 더 적절한 것이 또 있으랴._蕙園

김홍도 : 그린다는 것이 무엇이냐?

신윤복 : 그린다는 것은 그리워하는 것입니다. 그리움은 그림이 되고, 그림은 그리움
을 부르지요.

먹과 한지의 과학

장승업 張承業

매를 그린 그림인데 서양화에서 이렇게 살아 있는 힘과 감정이 느껴지는 그림이 있었던가? 〈호취도〉는 장승업의 천재적 필치가 100% 나타난 걸작이다. 그림에서 느껴지는 힘은 두 마리 매의 관계에서도 나타난다. 두 마리 매는 암수 부부관계가 아니라 아마도 서로 패권을 다투는 수컷들일 것이다. 아래 매가 여유가 있고 위엄 있어 보이는 것이 기득권을 가진 대장인 것 같고, 위에 있는 매는 온 몸에 힘이 들어 있으며 활발한 날개와 발톱 매무새가 잔뜩 긴장한 것으로 보아 그 자리를 노리는 좀 더 젊은 수컷인 것 같다.

장승업1843~1897은 이 둘의 관계를 그들이 앉아 있는 나뭇가지의 굵기에서부터 암시하고 있다. 아래 매가 앉은 나뭇가지는 굵고 안정돼 보이며 위의 매가 앉은 가지는 가늘며 약간은 불안해 보인다. 시선을 끄는 기술도 탁월하다. 아래 가까운 곳에서 시작한 시선은 나무 기둥을 따라 올라가서 한 바퀴 돌아 공중의 조금 먼 곳에서 끝난다. 사용한 색채도 화려하진 않지만 매우

장승업,
〈호취도(豪鷲圖)〉,
제작연도 미상,
종이에 수묵담채,
135.4×55.4cm,
호암 미술관

세련되었다. 이런 그림을 영모화(翎毛畵)라고 한다. 영모화란 꽃이나 풀, 나무를 배경으로 동물이나 새, 벌레 등을 그리는 것이다. 영(翎)은 새의 날개털을 의미하고, 모(毛)는 일반적으로 짐승의 털을 의미한다. 장승업은 특히 이런 영모화에서 최고의 기량을 보였다.

왕도 어쩌지 못했던 보헤미안 기질

장승업은 본관은 대원(大元), 호는 오원(吾園), 취명거사(醉暝居士), 문수산인(文峀山人) 등이고, 자는 경유(景猷)이다. 1843년 태어나 일찍 부모를 여의고 고아로 떠돌다가 한양의 역관 이응헌의 집에 식객으로 있으면서 어깨 넘어 그림을 구경하다가 어느 날 갑자기 신들린 듯 걸작들을 그려내고 단숨에 조선 최고의 화가로 이름을 날렸다. 일자무식이어서 그의 그림에 쓴 글도 다른 사람이 대필하였으나 타고난 천재적 감각과 기량으로 산수화, 동물화, 인물화 등 모든 장르의 그림에서 주옥같은 걸작들을 남겼다. 술과 여자를 좋아해 늘 취해 지냈으며 한곳에 머물지 않으며 뜬 구름처럼 살았다. 1897년 세상을 떠났으나 그가 어디서 어떻게 죽었는지는 아무도 모른다.

장승업에 대해 비교적 자세하게 기록된 장지연1864-1921의 『일사유사(逸士遺事)』에 따르면 마흔 살을 전후하여 한번 결혼한 적이 있었으나 원래 구속을 싫어하여 첫날밤을 치른 뒤 도망갔다고 한다. 그 후 아내와 다시 만나지 않았는지 자손도 없다고 한다. 그에게는 오직 술과 여자와 그림뿐이었다. 그의 이런 삶을 그린 영화가 임권택 감독이 메가폰을 잡은 〈취화선(醉畵仙)〉이다. '취화선'은 술에 취해 있는 그림의 신선이란 뜻이다.

영화에서도 나타나지만 장승업이 얼마나 관습에서 이탈한 기인이었는지는 고종황제와의 에피소드에서도 잘 드러난다. 장승업의 명성이 궁중에까지 전해지자 고종이 장승업을 불러들여 병풍 그림을 그리게 하였다. 그림이 잘 안될까 걱정하여 산해진미(山海珍味)에 술을 조금씩 주고 감시하였으나 그림 도구를 구하러 간다고 속이고 도망하였다. 이후 다시 잡혀와 더욱 엄한 감시 하에서 그림을 그리게 하였으나 또 도망하여 고종의 분노를 사고 말았다. 당시로서는 왕이 그의 목숨도 끊을 수 있는 상황이었으나 민영환1861~1905이 나서서 자기가 책임지고 그림을 완성시키겠다고 용서를 얻어 그의 집에 머물게 하면서 그림을 그리게 하였다. 그러나 장승업은 결국 그림을 끝내지 못하고 민영환의 집에서마저 도망하고 말았다.

모든 장르의 그림을 섭렵한 천재

조선 3대 화가라 하면 안견, 김홍도와 장승업을, 4대 화가라면 정선1676~1759을 추가하여 일컫는다. 조선 초기 세종 때 솟아오르던 국운과 찬란했던 문화시대의 회화 예술을 이끈 사람이 안견이라면, 조선 후기 문예부흥기인 영·정조 시절 회화 예술을 대표했던 사람이 정선과 김홍도이다. 김홍도에 이르러 비로소 중국의 영향에서 벗어나 우리 고유의 회화 예술이 꽃피우게 되었다.

장승업은 정선과 김홍도보다 더 후대인 고종 재위 당시인 조선 말기에 활동했던 화가이다. 과학기술을 앞세운 서양 열강과 일본 제국주의 그리고 청나라의 틈에 끼어 서서히 멸망해 가던 조선의 끝자락에서 불꽃같은 예술혼을 태우고 간 화인이었다. 당시 조선의 대화가 단원(檀園) 김홍도와 스스로

장승업, 〈방황공방산수도(倣黃子久山水圖)〉, 제작연도 미상, 견본담채, 151.2×31cm, 호암 미술관

를 비교하면서, 자신도 원(園)이라는 뜻으로 오원(吾園)이라는 호를 지었다고 한다.

장승업이 그린 산수도의 전형을 볼 수 있는 걸작 〈방황공방산수도〉를 감상하자. 당시 조선에서는 거의 남종화(중국 명대의 문인화로, 막시룡과 동기창이 제창한 화풍)만 그렸는데 장승업은 남종화와 북종화(직업화가들이 짙은 채색과 꼼꼼한 필치를 사용하여 대상의 외형묘사에 주력하여 그린 중국 명대 산수화)를 모두 포용한 그만의 화풍을 창조하였다. 또 일반적인 화면 비례보다 긴 틀에 전경, 중경, 원경을 지그재그로 기교 있게 배치하였다. 아울러 관람자에게 여러 볼거리를 제공하기 위해 세밀한 부분까지 정묘하고 다양하게 그려서 호방하면서도 세련된 필치를 보여주었다.

장승업이 역관의 집에서 보고 배운 그림들이 대체로 중국화였기 때문인지는 몰라도 그의 그림에는 중국적 요소가 많이 남아 있어서 때로는 낮은 평가를 받기도 한다. 그러나 그의 예술적 가치는 중국화를 모방하는 데서 그치지 않고 자신만의 독특한 필치로 우리 민족의 정서를 담아냈다는 데 있다.

장승업은 모든 장르의 그림에 다 능숙했을 만큼 천재 화인이었다. 후대 미술사가들은 그를 가리켜 모든 장르에 있어서 조선 후대의 화단에 한국화의 전형을 마련하였다고 이야기할 정도다. 그는 자의반 타의반으로 상당한 제자들을 키워냈고, 또 그의 작품에 직·간접적으로 영향을 받은 후대 수많은 화가들은 조선 말기 문예부흥을 이뤄냈다. 평범한 삶을 포기하고 철저하게 예술만을 추구해온 그의 기이한 인생은, 후대 사람들에게 진정한 예술혼이 무엇인지 반추하게 한다.

먹의 퇴색을 오랜 세월 억제하는 한지의 고유성

장승업의 그림 가운데 그만의 화풍과 천재성이 특히 잘 드러난 장르가 기명절지화(器皿折枝畵)라는 독특한 그림이다. 기명절지란 그릇(器皿)과 매화나 국화 등의 꺾어진 가지(折枝)를 그려 넣은 독특한 그림이다. 국립 중앙 박물관에 장승업의 대표적 기명절지화인 〈백물도권〉이 소장되어 있다. 기명절지화는 중국풍의 문방사우(文房四友)화와 유학과 학문을 숭상하던 조선의 책가도(冊架圖)에 그 뿌리를 둔다. 평민 계급 사이에서 자신의 가문이 학문적 부흥을 이루고 자식들이 학문에 힘쓰라는 염원을 담은 민화가 그 맥을 이어왔다.

문방사우란 선비가 글을 쓸 때 사용하는 네 가지 물건을 말하는데 붓, 먹, 벼루, 종이가 그것이다. 그 중 먹을 한자어로 묵(墨)이라 한다. 먹은 기본적으로 무엇을 태워 나온 검댕을 모아 아교로 개어 건조하고 굳혀서 만드는데, 오래 될수록 좋다고 한다. 무엇을 태웠느냐에 따라 먹의 종류가 달라지고 그 성질과 색감도 달라진다. 송연묵(松煙墨)은 소나무를 태워 만들고 유연묵(油煙墨)은 기름을 태워 만든다. 서양에서도 아이보리 블랙(ivory black)이라 하면 코끼리 상아를 태워 만든 흑색인데, 상아가 비싸므로 소뿔이나 다른 짐승의 뼈를 태워 만들면 본 블랙(born black)이라고 부른다. 피치 블랙(peach black)은 복숭아나무를 태워 만들고 바인 블랙(vine black)은 포도나무를 태워 만든 것이다. 램프 블랙(lamp black)은 기름을 태워서 만든 검댕으로, 동양의 유연묵과 같다.

또한 종이는 서기 105년에 중국의 채륜이 발명한 것으로 알려져 있으나 후대에는 조선의 종이가 품질이 좋아 중국의 서화가들도 조선의 종이를 구하려고 애를 썼다는 기록이 나온다. 조선의 최대 수출품이 인삼과 종이였다고 하니 그 진가를 알만하다.

왜 조선의 종이가 좋은 것일까? 우선 종이의 원료는 닥나무인데 한반도의 닥나무가 중국이나 일본의 닥나무와 다른 점이 있다. 섬유가 가늘고 길다.

장승업, 〈백물도권(百物圖券)〉, 제작연도 미상, 견본담채, 38.8×233cm, 국립 중앙 박물관

그래서 조선 한지에 글을 쓰거나 그림을 그리면 거칠게 스며들지 않고 섬세하고 치밀하게 스며든다.

그뿐만 아니라 종이 만드는 기술이 근본적으로 다르다. 중국이나 일본의 한지는 섬유가 한 방향으로 있는데 조선 한지는 90도로 서로 엇갈린 구조를 하고 있다. 그래서 조선 한지는 더 얇으면서도 질기고 물감의 번짐도 사방으로 일정하다. 종이 뜨는 기술의 차이인 것이다.

또한 지금 쓰는 종이가 대개 산성이어서 산화를 일으켜 문서의 보존에 치명적인 약점을 보이지만 한지는 중성지이다. 그래서 고서화들이 지금까지도 비교적 잘 보존되어 있는 것이다.

장승업을 비롯한 우리 옛 화인들의 작품 속에는 그 예술성 못지않게 먹과 한지에서 비롯한 정밀한 과학까지 담겨 있다. 이들의 작품이야말로 예술과 과학이 한데 빚어내는 최고의 품격이 아닐까! _吳圓

서양의 수채화와
동양의 한국화의 차이

학생들을 상대로 미술 재료에 관한 강의를 하다보면, 서양의 수채화와 동양의 한국화를 구별하지 못하는 이가 의외로 많음을 느낀다. 둘 다 물로 그리기 때문에 같은 것으로 여기고 서양의 고급 수채화 방식으로 한국화를 그릴 수 있을 것이라고 생각할 수 있다. 그러나 수채화나 한국화 모두 물을 매개로 쓰지만 엄연히 다른 양식이다. 수채화는 수용성인 아라비아 수지를 사용하기 때문에 건조 후에도 보존이 어렵다. 반면, 같은 물을 사용해 그리는 한국화는 건조 후에 불용성이 되어 배접(褙接:그림을 그릴 때 밑초가 그려진 종이를 천 위에 포개어 붙이는 일)을 할 수 있다. 즉 그릴 때는 수용성이지만 건조 후에는 불용성이 되는 것이다. 이

김홍도, 〈황묘농접도〉,
제작연도 미상, 종이에 채색,
30.1×46.1cm, 간송 미술관

김홍도, 〈산사귀승도〉,
제작연도 미상, 종이에 담채,
28×32.7cm, 개인 소장

것은 아교를 미디엄으로 쓰기 때문이다.

김홍도와 신윤복이 그린 그림들은 채색을 썼으므로 채색화인 것 같으나 사실 한국화 분류에서 채색화에 속하지 않는다. 한국화에서는, 수묵화는 먹으로만 단색으로 그린 그림, 채색화는 색을 칠한 그림 등으로 단순하게 나누지 않는다. 채색화의 예는 화조도 같은 세밀화나 일본석채화(日本石彩畵:암채(岩彩)) 등에서 볼 수 있다. 즉, 수묵화와 채색화의 구분은 채색 기법에 따른 것이다. 수묵화 기법은 종이나 비단에 물감이 스며들게 하는 기법으로, 일반적인 한국화의 산수화가 이에 속한다. 그러나 채색화는 종이에 아교를 먹여 물감이 스며들지 못하게 준비작업을 하고 세필붓을 사용하여 물감을 표면에 부착시키는 방식으로 그린다. 극단적으로 예를 들자면 여러 색이 보이는 수묵화가 있을 수도 있고, 단색으로 그린 채색화가 있을 수도 있는 것이다.

Chapter 2

화학원소와
화학자를 그리다

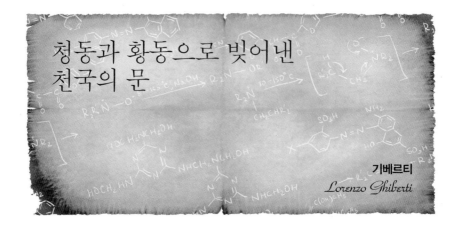

청동과 황동으로 빚어낸
천국의 문

기베르티
Lorenzo Ghiberti

기베르티, 〈천국의 문〉, 1425~52년경, 동(Bronze), 406×287cm, 이탈리아 피렌체 산 조반니 세례당

이탈리아 피렌체 세례당에는 1330년에 안드레아 피사노^{Andrea Passano, 1290~1348}가 완성한 청동문이 있었는데, 1401년에 두 번째 문의 청동부조 제작자 선정 시합이 열렸다. 브루넬레스키^{Filippo Brunelleschi, 1377~1446}나 도나텔로^{Donato di Niccolò di Betto Bardi, 1386~1466} 같은 당시의 쟁쟁한 조각가들이 모두 참여하여 자웅을 겨뤘는데, 시험 문제의 공통 주제는 '이삭의 희생'이었다.

『성경』의 「창세기」 22장 1-14를 보면 아브라함이 백 살이 되어 겨우 이삭이라는 아들을 낳았다. 이삭이 사랑스러워 어쩔 줄 모르는 아브라함에게 하나님이 청천벽력같은 명령을 내리신다. 눈에 넣어도 안 아픈 외아들 이삭을 모리아 산에서 번제물로 드리라는 것이다. 번제물은 죽여서 불에 태워 제물로 바치는 것이다. 마음이 찢어지는 듯 했으나 아브라함은 하나님께 순종하고 이삭을 데리고 산으로 올라갔다. 가는 중에 어린 이삭이 나무와 칼과 불씨는 챙겨 가면서 제물에 쓸 양은 왜 안 가져가느냐고 묻는다. 아브라함이 대답

했다. "하나님이 자기를 위하여 친히 준비하시리라." 아브라함이 산에 오르자마자 제단을 쌓고 아들 이삭을 결박하고 칼로 죽이려하니 천사가 급히 나타나 제지하였다. 기베르티Lorenzo Ghiberti, 1378~1455는 바로 그 순간을 조각하였다.

최고의 금세공 마에스트로들의 大경연

모든 시민의 관심이 집중된 가운데 화가, 조각가, 금세공사 등 각 분야의 전문가들을 총망라한 서른네 명의 심사위원단이 구성되고 흥미진진한 심사가 진행 되었는데 우열을 가리기 힘든 걸작들 가운데 최종 두 점이 남았다. 당시 최고 조각가로 명성을 날리던 브루넬레스키와 기베르티였다. 어느 것이

기베르티의 〈이삭의 희생〉(왼쪽)과 브루넬레스키의 〈이삭의 희생〉. 두 작품 모두 1401년, 동(Bronze), 이탈리아 피렌체 팔라초 델 바르젤로 국립 박물관

더 우월하다고 할 수 없을 만큼 두 작품은 완벽하고 탁월했다.

둘은 주제의 해석부터 달랐다. 기베르티의 작품을 보면 제단 위에 이삭을 아브라함이 잡고 칼을 들이대고 있다. 이삭이나 아브라함의 자세는 사태의 긴박함을 나타내기보다는 모든 조각의 기교를 동원하여 고대의 정교한 조각같이 완벽하고 아름다운 인체를 표현하는데 치중하고 있다.

반면, 브루넬레스키는 어린 이삭은 허약한 아이의 육체로, 아브라함은 할아버지로 사실적으로 표현하고 있다. 자세도 아브라함이 이삭을 급히 찌르기 위해 격한 동작을 하고 있으며 그를 막는 천사도 우아하게 하늘에 있는 것이 아니라 아브라함의 손을 황급히 잡는 극적인 장면을 만들었다.

심사위원단은 우열을 가리지 못하여 두 사람에게 합동 제작을 권유하였다. 그러나 브루넬레스키는 두 사람의 작업 스타일이 완전히 다르기 때문에 공동 제작이 불가능하다며 자진 사퇴하였고, 결국 기베르티에게 기회가 돌아갔다.

평생을 바쳐 제작한 두 개의 문

기베르티는 청동문의 제작을 1403년에 시작하여 21년 만인 1424년에 완성하였다. 두 짝으로 된 문의 각 짝마다 열네 개씩 총 스물여덟 개의 판을 완성했는데 그 중 스무 개는 예수의 삶이고 네 개는 복음서의 사도들, 나머지 네 개는 위대한 교부들 이야기이다.

이 청동문을 완성하고 나서 기베르티는 세례당의 다른 문도 제작해 달라는 의뢰를 받았다. 그는 여기서 첫 번째 작업과는 다른 형태와 양식을 선보였다. 그동안 사람들의 취향도 변했고 기베르티 자신의 예술관도 바뀌어 있었기 때문이다. 판의 숫자도 스물여덟 개에서 열 개로 줄이고 하나하나를 크게 잡았다. 화면이 커지니 표현도 더 자유로워지고 원근법도 더욱 확실히 표현되었다. 기베르티는 27년이나 걸린 이 역작을 완성한 뒤 불과 3년 만에 세상을 떠났다. 천국의 문 두 개를 만들고 생을 마감한 셈이다. 미켈란젤로는 이 문은 여기 있을게 아니라 천국의 문으로 써야 한다고 칭송하기도 했다. 이를 계기로 이 문은 '천국의 문'으로 불리게 되었다.

예술가의 손길을 허용한 부드러운 금속

청동은 녹이 슬지 않고 조각을 하기에 적당한 무릎과 충분한 강도를 가지고 있다. 색 또한 아름다워 예술가들로부터 금속조각의 재료로 많은 사랑을 받아왔다. 구리에 주석을 합금하면 청동(bronze)이 되고, 아연을 넣으면 황동(brass)이 된다. 놋쇠라고 하면 사전에는 황동으로 되어 있지만 사실 대부분의 놋그릇은 청동이고 주석의 함량이 적으면 청동도 노란 빛을 띤다. 우리 선조가 사용한 그릇 중에 '방짜 유기'라고 하는 놋그릇이 특히 유명했다. 질 좋은 유기그릇 바닥에 방(方)자가 쓰여 있던 것에서 유래한 듯한데, 아마도 좋은 유기그릇 만드는 사람의 성이 방(方)씨였던 모양이다.

주석과 아연은 철의 녹을 방지하는 데에도 쓰인다. 철에 주석을 코팅한 것이 바로 양철이다. 양철은 테네시 윌리엄스Thomas Lanier Williams, 1911~1983의 소설 제목 『뜨거운 양철 지붕 위의 고양이(Cat on a Hot Tin Roof)』에서 보듯이 영어로 'tin'이다. 철에 아연을 코팅한 것을 '함석'이라고 한다. 아연이 철보다 산화성이 커서 녹 방지에 더욱 좋으므로 함석이 널리 쓰인다. 함석도 영어로 그냥 아연만 일컫는 'zinc'라고 표기한다. 우리 주변에서 흔히 볼 수 있는 함석으로는 중국집의 철가방이 있다. 또 라면을 끓이는 냄비의 양은은 영어로 'german silver'이지만 은과는 아무 관련이 없다. 양은은 아연과 니켈을 함유시킨 구리합금이다.

청동은 역사적으로 아주 오래 전부터 금속미술에서 빼놓을 수 없는 중요한 소재였다. 청동은 예술가의 눈을 사로잡을 정도로 현란한 빛을 투영하면서 마치 프리즘처럼 여러 각도에서 다양한 색을 만들어 낸다. 또한 금속임에도 불구하고 예술가의 손길을 허용하는 부드러운 질감으로 수려한 예술품으로의 변신을 허락한다. 사람들은 청동의 위대함에 기베르티의 예술성이 더해졌을 때 비로소 천국의 문의 빗장이 풀릴 것이라고 믿지 않았을까! 이 작품을 보고 있노라니 천국의 문을 두드렸던 위대한 예술가의 혼이 느껴지는 듯하다. _ *Ghiberti*

청동의 진화

청동기 시대를 대표하는 비파형동검. 날 중간에 돌기가 있고, 하부로 갈수록 팽창되면서 곡선을 그려, 중국 고대 악기인 비파처럼 생겼다고 해서 붙여진 이름이다.

'도구의 존재'로 불리는 인간이 돌에서 금속으로 도구의 재료를 바꿨다는 것은 시대를 구분할 만큼 획기적인 사건이었다. 동서양을 막론하고 역사 교과서의 시작을 여는 선사시대는 석기에서 청동기를 거쳐 철기로 이어진다. 즉, 청동기는 인류 최초의 금속 사용을 알리는 시기인 것이다.

청동은 인류가 처음 사용한 '합금'이다. 즉, 청동은 선사시대부터 널리 사용되어온 구리에 주석을 혼합하여 탄생하였다. 한 가지 원소로만 이루어진 대표적인 홑원소 물질인 구리는 전성과 연성을 띠고 부식되지 않는 장점이 있지만, 특유의 유연성(柔軟性) 탓에 강도가 약하다. 인간은 구리의 이러한 단점을 보완하기 위해 주석을 혼합해 청동을 만들어낸 것이다.

인류 최초의 합금인 청동의 기원은 명확하지 않고 사료마다 차이가 있는데, BC3000년대 후반에 서아시아를 중심으로 쓰이기 시작했다는 견해가 일반적이다. 당시 청동은 수렵의 도구와 조상(彫像)의 재료로 사용되다가 이후 전쟁 무기와 거울 등으로 활용 폭이 확장되었다. 한편, 동양에서는 중국 주(周)나라 때

(BC1046년~256년)의 것으로 보이는 「금(金)의 육제(六齊)」라는 문서에 구리와 주석의 배합량에 관한 기록이 적혀 있다. 이 문서는 청동을 주조할 때 그 용도와 조성의 관계를 여섯 가지로 나누어 기록하고 있다.

청동에 주석의 비율이 3%까지는 구리의 붉은 기가 남아있지만 점차 황색으로 되어 20%가 넘으면 회청색(灰靑色)이 된다. 구리는 주석 이외 다른 금속과의 혼합으로도 활용되곤 했다. 구리에 아연을 가하면 황동이 되는데, 로마시대 당시 황동의 사용에 대한 기록이 전해진다.

청동을 대표하는 구리합금의 진화는 과학기술의 발달과 더불어 계속되었다. 특히 알루미늄 합금의 출현은 청동의 활용에 일대 커다란 변혁을 가져다주었다. 즉, 구리와 알루미늄이 결합한 알루미늄 청동(aluminium bronze)이 한동안 구리합금의 대명사로 자리매김하다가, 이후 구리에 마그네슘이 결합된 두랄루민(duralumin)이 개발되면서 유럽과 미국을 중심으로 20세기 초반 산업화를 이끌었다. 두랄루민은 강철과 같은 강도를 지니면서도 무게는 강철의 1/3 정도의 경량으로 활용 폭이 매우 컸다. 두랄루민은 이러한 강점을 살려 비행기 부품에 쓰이면서 한동안 전 세계 항공 산업을 주도하기도 했다.

두랄루민이 기자재로 쓰였던 채펠린(Zeppelin) 비행선. 제차 세계대전 당시 독일이 영국과 프랑스에 폭격을 가하는 데 사용되기도 했다.

115

연금술의 죽음

코시모
Piero di Cosimo

연금술(alchemy)은 화학자들에게는 아주 친숙한 말이다. 그러나 연금술이란 말을 정확히 알고 있는 사람은 얼마나 될까? 영국의 철학자 베이컨[Francis Bacon, 1561~1626]은 연금술에 대해 이렇게 말했다.

"연금술은 아마도 아들에게 자신의 과수원 어딘가에 금을 묻어 두었다고 유언한 아버지에 비유할 수 있을 것이다. 아들은 금을 찾기 위해 온 밭을 헤쳐 보았지만 어디서도 금을 발견하지 못했다. 그러나 사과나무 뿌리를 파헤쳐 놓아 풍성한 수확을 얻을 수 있었다. 금을 만들고자 했던 연금술사들은 금을 만드는 데는 실패하였지만, 이 과정에서 유용한 기구와 실험 방법과 신물질을 다수 발명(견)하여 인간에게 큰 혜택을 가져다주었다."

실패한 과학?

베이컨의 말처럼 연금술이 단순히 우연한 부산물을 얻게 된 실패한 사기술에 지나지 않을까? 사실 대부분의 중세회화에서 연금술사들은 철에 맞지 않는 외투를 입고 사이비 교주 같은 태도로 이상한 냄새가 나고 알 수 없는 실험을 하는, 다소 사기꾼 같은 모습으로 그려진다.

일반적으로 연금술은 1142년경에 시작한 것으로 알려져 있으나, 사실은 이런 유의 비술(祕術)은 기원전 4500년까지 거슬러 올라가서 고대 중국, 인도, 이집트, 메소포타미아에서 시작했다고 볼 수 있다. 금은 인간이 최초로 다룬 금속이었을 것으로 생각되며, 강력한 통치자가 등장하여 야금술을 비롯하여 금에 관한 모든 것을 비밀 속에서 발전시켜 왔다.

헤르메스 트리메지스트(Hermes Trimegist : '위대한 헤르메스'라는 뜻)가 천상의 지배자인 창조주에게서 하늘의 지혜를 전수받았다는 구전과 그를 보여주는 헤르메스에 대한 기록(에메랄드 평판)들에서 그 신비한 모습을 조금 볼 수 있다. 그 후 엠페도클레스 Empedocles, BC490~BC430와 아리스토텔레스 Aristoteles, BC384~BC322가 물, 불, 공기, 흙의 4원소가 만물을 만들어 내는데 이 반응을 일으키려면 제5원소가 필요하다고

라이트(더비), 〈인을 발견한 연금술사〉, 1771년, 캔버스에 유채, 127×101cm, 영국 더비 미술관

코시모, 〈프로크리스의 죽음〉, 1486~1510년경, 캔버스에 유채, 65×188cm, 영국 런던 내셔널 갤러리

하였다. 이것이 바로 '현자의 돌'이다.

　이 연금술이 이슬람 세계에 전해지고 특히 우마이야드 야지드 다마스 왕의 아들인 칼리드가 왕위 계승도 마다하고 연금술에 전념하여 많은 발전을 이루어 중세 유럽에 전해지게 되었다. 중세의 신비주의 수도사들의 장미십자가회도 연금술의 비밀 보존과 관련이 있다.

　뉴턴Isaac Newton, 1643~1727이 연금술의 마지막 현자로 인정되고 있으며, 라부아지에의 등장 이래 비술로서의 연금술은 정통 과학에 밀려 지하로 들어가게 되었다. 하지만 오늘날에도 연금술이란 이교적 비술은 생명력을 잃지 않고 나름의 독립 영역을 차지하고 있다.

　연금술이 실패한 과학이 아니라면 원래 무엇이었다는 말인가? 연금술사
들은 온 우주와 만물을 변화시키고 운행하는 어떤 원동력이 있는데 그것이
'보편 정신'이라고 생각했다. 어떤 거역할 수 없는 힘이 있어 만물을 창조하
고 모든 물질의 근원이 되며 생명의 토대가 된다고 믿었다. 말하자면 연금술
은 기술이나 과학을 넘어서 철학이고 신학이었다. 그 보편 정신이 바로 '신
의 정신'이며 이것을 구체화, 형상화한 것이 '현자의 돌'이라고 보았다. 그러
니까 연금술사들의 진정한 목표는 금을 만드는 것이 아니라 신의 정신을 파
악하여 만물 창조의 원리를 이해하는 것이었다.

　'현자의 돌'은 모든 불순하고 불완전한 금속을 정화하고 정신을 온전케 하여 종국에는 육체의 만병도 치료할 수 있는 불사의 영약이었다. 그들은 '신의 정신'을 병에 담길 원했다. 연금술의 상징이 된 펠리컨은 바로 이 병을 나타내며 실제 이들이 만들어 쓴 유리병의 모양은 펠리컨을 닮았다. 펠리컨이란 새는 자기 심장을 쪼아서 나오는 피를 죽은 새끼에게 먹여서 살리는 영험 있는 새로 믿어졌는데 연금술사는 펠리컨처럼 생긴 유리병으로 비밀스러운 반응을 시도하는 펠리컨과 같은 생명의 수호자였다.

연금술로 화학의 반응을 그리다

코시모Piero di Cosimo, 1462~1521는 로셀리Cosimo Rosselli, 1439~1507의 제자로서 전 생애를 피렌체에서 보낸 화가이다. 미술사가 바사리Giorgio Vasari, 1511~1574는 『미술가 열전』에서 코시모를 "아주 특별하고 기발한 정신의 소유자"라고 묘사했으며, 역사가 파노프스키Erwin Panofsky, 1892~1968는 그의 작품들이 명작이라고 할 수는 없을지라도 이상하고 꿈꾸는 듯한 시적 황홀함의 신비한 유혹으로 엄청난 매력을 지녔다고 했다.

코시모의 대표작인 〈프로크리스의 죽음〉은 반라의 여인이 화면 가운데 누워 있고 한쪽에는 반인반수의 목신(Faun)이, 또 한쪽에는 큰 사냥개가 있으며 배경이 뭐가 뭔지 도대체 알 수 없다. 이 묘한 그림을 이해하려면 그림에 숨어 있는 많은 상징과, 제목이 말하는 신화의 배경을 알아야 한다.

이 그림은 고대 시인 오비디우스Publius Ovidius Naso, BC43~AD17가 기록한 케팔로스(Cephalus)와 프로크리스(Procris)의 신화의 마지막 장면을 그린 것이다. 아르테미스(Artemis) 여신은 아름다운 처녀 프로크리스를 총애해서 세상에서 가장 빠른 사냥개와 절대 빗나가지 않는 창을 선물했다. 프로크리스는 케팔로스를 사랑하여 결혼하면서 그 개와 창을 남편에게 선물로 주었다. 에오스(Eos) 여신이 멋진 케팔로스에게 반하여 그를 납치하였으나 케팔로스가 아내를 끝내 배신하지 않자 도로 놓아주었다. 그 동안에 프로크리스는 오해로 질투심이 생기고 남편을 조금씩 의심하다가 케팔로스가 다른 여인을 사랑한다는 소문을 듣고 몰래 뒤를 밟는다. 케팔로스는 사냥을 마치고 숲에 누워 땀을 식히며 "어서 오라, 아우라!" 하고 노래 부른다. 풀숲에 숨어서 보던 프로크리스는 남편이 애인을 부르는 줄 알고 낙담하여 울었는데, 누워 있던 케팔로스가 동물의 기척인 줄 알고 창을 던졌다. 달려가 보니 창이 사랑하는 아내의 목을 정확히 관통하였다. 프로크리스가 죽어 가며 아우라와 사랑에 빠진 남편을 원망하자 그제서야 케팔로스는 어찌된 영문인지 알게 되나 이미 사랑하는 프로크리스는 죽은 뒤였다. '아우라'(Aura)는 바람이라는 뜻이고 케팔로스는 "바람아, 불어라!"는 말을 시적으로 한 것이었다.

이 그림은 연금술의 상징으로 가득 차 있다. 원래 신화에는 반인반수의 목신은 등장하지 않는다. 코시모가 연금술의 상징으로 그림에 넣은 것이다. 연금술은 태초의 근원을 찾는 신비로운 학문이다. 그래서 연금술에 빠진 코시모는 원시적이고 근원적인 야생에 매우 강하게 끌렸다. 케팔로스의 하체가 사슴일 뿐 아니라 얼굴도 동물답고 염소의 귀와 뿔까지 갖추었다.

죽어 가는 프로크리스의 육체는 황금과 붉은 천으로 감싸여 있다. 그것은 붉고 뜨거운 '현자의 돌'을 상징한다. 안타깝게도 '현자의 돌'인 그녀가 죽어 가는 것이다. 그녀 어깨 위에서, 물론 바로 어깨에 붙어서는 아니지만 새로운 생명의 나무가 자라고 있다. 나무는 '현자의 돌'에 의하여 잉태된 생명을 상징한다.

케팔로스의 사냥개는 이 그림에서 두 번 나타난다. 하나는 프로크리스의 죽음을 슬퍼하며 관조적 태도로 조용히 내려다보는 앞의 큰 개이며, 또 하나는 흰 개와 검은 개가 싸우는 것을 지켜보는 배경의 개이다. 이 두 사냥개는 바로 위대한 연금술사 헤르메스를 나타낸다. 그는 이승과 내세를 오가는 죽음의 왕국의 안내자이며 연금술의 위대한 스승이다.

배경에서 가장 눈에 띄는 것은 세 마리의 개다. 한 마리는 방금 이야기한 헤르메스다. 흰 개와 검은 개는 화학의 대립되는 상태인 휘발성체와 고체를 나타낸다. 화학, 아니 연금술의 모든 반응은 이런 두 상태 사이의 변환과 대립이다.

그 옆에 있는 펠리컨은 연금술사들이 사용하는 유리병이다. 이 병 안에서 반응하여 승화하면 저 뒤에 날아다니는 새들로 표현된 기체가 된다. 여기서는 죽음의 승화이다. 이 그림에 등장하는 새들은 모두 연금술사가 자주 사용하는 목이 매우 긴 반응병들을 나타낸다.

화면 뒤에 도시 풍경이 보인다. 코시모는 피렌체에 살았지만 그의 정신세계는 사람들이 바쁘게 일하고 잔치를 벌이고 시기하고 싸우는 도시와 매우 먼 거리를 두고 있다. 코시모에게 도시란 거의 죽은 것이나 다름없이 무의미하기 때문에 그는 이 그림에서 배경을 흐릿하고 음산하게 단색으로 표현하였다. 그림 전체가 프로크리스의 죽음을 애도하는 것처럼 느껴진다.

철학과 신학을 넘나든 새로운 영역

〈프로크리스의 죽음〉은 "질투가 있는 곳에는 평화가 없다"는 가정의 도덕을 나타내기도 한다. 코시모는 여성들에게 남편을 의심하지 말며 질투가 얼마나 침통한 결과를 가져올 수 있는지 드라마틱하게 경고한다. 당시 피렌체의 성도덕은 문란한 편이었다. 그는 근원적인 '신의 보편 정신'에로의 회귀를 간절히 원하는 마음을 나타냈다.

코시모에게는 연금술이 비싼 금을 만드는 품격 낮은 욕심의 기술이 아니었다. 인간 정신을 지배할 권위를 가진 '신의 보편 정신'으로서 연금술의 부흥을 간절히 원하였고, 한편으로는 그런 연금술이 사람들의 몰지각으로 스러져 가는 슬픔을 프로크리스의 죽음으로 표현했다.

이 그림은 한 편의 '연금술의 정의'이다. 도덕심 없는 음산한 도시 풍경, 절대 배신하지 않고 끝까지 애정을 잃지 않는 원시적 근원으로의 목신, 휘발성 체와 고체의 반응을 주의 깊게 감시하는 충직한 사냥개로 나타난 연금술사, 수많은 유리병으로 쉼 없이 연구하고 노력하는 연금술사의 실험실, 붉고 뜨거운 황금을 만들 수 있는 '현자의 돌', 또 그의 죽음, 그 위에 자라는 생명의 나무 등으로 연금술이 단순히 실패한 낮은 품격의 욕심꾼들의 놀이만은 아니라는 것을 아주 잘 나타냈다.

연금술은 우연한 부산물로 화학의 발전만 가져온 것이 아니다. 기독교에서 볼 때 다소 이교적이고 비술적인 면이 없진 않지만, 철학과 신학의 영역을 넘나들며 만물과 온 우주의 근원을 찾으려는 순수한 탐구심과 고귀한 정신이 연금술의 본질인 것이다. _Cosimo

'인'을 발견한 연금술사

독일 출신의 연금술사 브란트Henning Brandt, 1630~1710와 쿤켈Johann Kunckel von Löwenstern, 1638~1703은 근대과학사에 한 획을 그은 인물로 지목된다. 이들의 공통점은 연금술의 본래 목적인 금 대신 '인'(燐)이라고 하는 원소를 발견했다는 데 있다. 그 중에서도 특히 브란트는 인간의 소변에서 인을 추출해냄으로써 그 기이함에 한 번 더 눈길을 끌게 한다.

인은 주기율표에서 15족으로 질소 바로 아래에 있는 비금속 원소이다. 원소기호는 'P'로 나타내며 원소 번호는 15이다. 인의 원소기호 P는 그리스어 '빛을 가져오다'를 뜻하는 'phosphorus'의 이니셜이다. phosphorus는 그리스 신화에서 금성을 가리킨다. 금성이 뜨면 머지않아 곧 날이 밝기 때문에 과거에는 금성을 가리켜 빛을 가져오는 행성이라 하여 '샛별'이라 부르기도 했다. 인간의 소변에서 인을 발견한 연금술사 브란트 이야기를 좀 더 나누다보면 왜 인의 원소기호가 'phosphorus'의 이니셜인 P가 되었는지 이해가 간다.

브란트 역시 다른 연금술사와 마찬가지로 값싼 금속을 금으로 변환시키고 영생을 가져다준다고 믿었던 현자의 돌을 찾는데 몰두하던 사람이다. 그런 그가 어떤 연유에서 소변에서 현자의 돌을 찾으려 했는지에 대한 명확한 기록은 전해지지 않는다. 다만 브란트는 오랜 실험 과정에서 현자의 돌을 얻는데 5000리터의 소변이 필요하다는 결론을 내리고 닥치는 대로 소변을 모았다. 그리고 엄청난 양의 소변을 썩힌 뒤 다시 팔팔 끓이는 실험 과정을 통해 흰색 농축액을 얻었지만, 불행히도 이 농축액이 현자의 돌은 아니었다.

그런데 이 흰색 농축액은 어둠 속에서 빛을 내는 묘한 특징을 띄었다. 브란트는 이 영묘한 물질에 'phosphorus'라는 이름을 붙인 뒤, 모든 병을 낫게 하는 만병통치약이라 선전하며 곧바로 사업에 착수했다. 그러나 유독성을 함께 지닌 인이 만병통치약이 아니라는 게 밝혀지기까지는 그리 오랜 시간이 걸리지 않았다. 브란트는 인이라는 원소를 발견하는 엄청난 일을 해냈지만 그것의 과학적 가치와 유용성까지는 이끌어내지 못했다.

인의 가치를 증폭시킨 사람은 화학의 아버지라 불리는 보일^{Robert Boyle, 1627~1691}이다. 보일은 소변 농축물에 있는 인산염이 모래와 탄소와 반응해 인을 생성해 낸다는 원리를 알아냈고, 아울러 인에서 산화인과 인산(H_3PO_4)을 만드는 방법도 찾아냈다. 무엇보다 작은 나무 조각 끝에 황을 붙여 점화시키는데 인을 사용하여 인류 최초로 성냥을 개발하기도 했다. 이처럼 특유의 점화성을 지닌 인은 두 차례 세계대전 당시에는 연막탄의 재료로 활용되기도 했고, 또 나치에 대항하는 레지스탕스가 화염병을 만드는 데 쓰이기도 했다.

한편, 인은 소변 말고도 사람을 포함한 동물의 뼈나 식물, 광물 등에서도 발견되었다. 지금은 아프리카 등지에서 많이 출토되는 아파타이드(apatide)라 불리는 인회석을 통해서 다량의 인을 추출하고 있다. 이후 인은 산업화를 통해 강철과 인청동 제조는 물론, 구리의 야금 과정에서 불순물인 산소를 제거하는 데도 탁월한 효과를 발휘하는 것으로 나타났다. 이렇게 해서 얻은 무산소-인함유 구리는 열과 전기 전도도가 매우 높아 공업용으로 요긴하게 활용되고 있다.

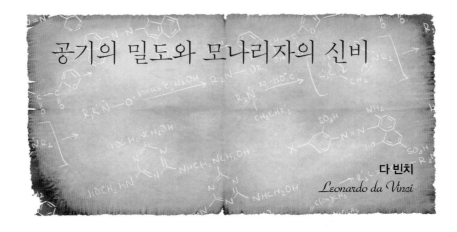

공기의 밀도와 모나리자의 신비

다 빈치
Leonardo da Vinci

〈모나리자〉에 대하여 글을 쓴다는 것은 '과학'이라는 제목의 글을 쓰는 것처럼 막막하고 어려운 일로 느껴진다. 〈모나리자〉에 대한 이야기는 오랫동안 너무나 많이 해왔고 또한 모순과 신비의 연속이다. 〈모나리자〉가 그렇게까지 유명해진 것은 1911년 루브르 박물관에서 일어난 도난 사건 이후부터였다. 프랑스는 물론 전 세계를 한바탕 난리 속으로 끌고 들어갔던 이 사건은 사람들의 관심을 〈모나리자〉라는 그림으로 집중시켰다.

〈모나리자〉는 세계에서 가장 훌륭한 그림은 아닐지 모르나 가장 유명한 그림임에는 틀림없다. 지금은 루브르 박물관에서 방탄유리 속에 깊이 들어 있어서 직접 가 봐야 잘 보이지도 않는다.

다 빈치, 〈모나리자〉, 1503~6년경, 캔버스에 유채, 77×53cm, 프랑스 파리 루브르 박물관

의혹투성이인 화가와 그림

레오나르도 다 빈치는 이탈리아의 '빈치'라는 곳에서 1452년 4월 15일에 태어났다. 빈치라는 마을 이름은 그 마을에 골풀(vinci)이 많은 데서 유래하였으며, '빈치'는 그의 조부 때부터 가문의 성이 되었다.

다 빈치는 어려서부터 왼손으로 거울상 글씨를 썼다고 한다. 소설『다 빈치 코드』에서는 비밀의 문서가 읽을 수 없는 암호로 쓰여 있는데, 나중에 보니 거울상 글씨로 거울에 비쳐 보면 쉽게 읽을 수 있는 다 빈치 스타일의 글씨라는 이야기가 나온다. 당시는 왼손으로 글씨를 쓰는 것은 아주 나쁜 버릇이고, 왼손이 관련되면 죄스러운 것으로 생각하였다. 그러나 다 빈치는 교육을 제대로 못 받은 탓에 교정할 시기를 놓쳤고, 이후 그림을 그릴 때도 양손을 쓴 경우가 많았다.

다 빈치는 사생아로 태어났으나 부끄러워하기보다 오히려 자랑스러워했고, 학교 교육을 받지 못한 자신이 교양 없다고 하면서도 교육을 많이 받은 지식인들을 지혜가 없다고 경멸하기도 하였다. 교육받은 자들이 간접 지식만을 가지고 있는 데 비해 자신은 자연에서 직접 경험하여 깨닫는다고 생각했다. 그러면서도 지적 교육을 높이 받은 자들에게 전체적인 통찰력이 있다는 사실은 인정하는 대인의 기질도 있었다.

다 빈치의 거울상 글씨

다 빈치는 평생 결혼한 적이 없으며 다른 미술가들과 달리 여성의 성적 매력에 대해서도 별

관심이 없었다. 몇몇 미소년을 제자로 데리고 있으면서 동성애 재판을 받기도 하였는데 죽을 때도 아름다운 소년 제자 프란체스코 멜치Francesco Melzi, 1493~1570에게 유산을 물려주어 그러한 의혹을 더욱 증폭시켰다. 정신분석학자 프로이트Sigmund Freud, 1856~1939는 다 빈치가 생모와 떨어져 자랐기 때문에 여성에 대하여 사랑을 느끼지 못하고 동성애 성향을 지니게 되었다고 분석한 바 있다.

제목 〈모나리자〉의 어원은 무엇일까? '모나'(Mona)는 이탈리아어로 부인을 뜻하는 '마돈나'(Madonna)의 준말이고, '리자'(Lisa)는 프란체스코 델 조콘다Francesco del Gioconda라는 상인의 젊은 부인인 리자 게라르디니Lisa Gherardini라고 한다. 그림의 원래 제목은 이탈리아어로는 '라 조콘다'(La Gioconda), 프랑스어로는 '라 요꽁드'(La Joconde)이다. 이 제목은 이탈리아의 화가이자 건축가인 바사리에 의해 정해졌다.

이 그림에 대한 최초의 기록은 1550년 출간된 바사리의 『미술가 열전』에 있다. 그런데 바사리의 〈모나리자〉에 대한 묘사는 오히려 의혹을 더욱 크게 해줄 뿐이다.

"다 빈치는 프란체스코 델 조콘다에게서 자신의 부인을 그려 달라는 부탁을 받았다. ……눈썹도 아주 자연스럽고…… 장밋빛 콧잔등에는 생기가 넘치고 입술의 빨간색과 얼굴 피부색의 조화를 보고 있으면 마치 살아 있는 사람을 보고 있는 듯한 착각이 들 정도다. 가까이서 그녀의 목 부분을 보고 있으면 정말 거기서 맥이 뛰는 것 같다."

〈모나리자〉에게 눈썹이 있었다고? 그럼 나중에 눈썹이 없어졌나? 아니면 바사리가 거짓말을 했나? 그렇다면 조콘다 부인의 그림이라는 바사리의 말도 믿지 못하게 된다. 당시 눈썹을 미는 것이 유행이었다는 설도 있다. 바사리의 이 기록 말고는 조콘다 부인의 그림이라거나 조콘다가 주문했다든가 또는 값을 치른 기록 같은 것은 전혀 없다. 하여튼 〈모나리자〉는 이처럼 제목부터가 의혹투성이다.

다 빈치가 죽은 뒤에도 이 그림은 그의 화실에 걸려 있었다. 그리기 시작한 지 4년이나 되었는데도 서명이나 날짜도 써 넣지 않았기 때문에 눈썹이 없는 사실과 함께 미완성이라는 말도 설득력 있게 들린다.

코닉스버그E. L. Konigsburg의 소설 『거짓말쟁이와 모나리자』는 이러한 모나리자의 이름에 얽힌 의문에 바탕을 두고 쓴 것이다. 코닉스버그는 다 빈치가 사랑한 여자를 그렸다고 썼으나 어디까지나 소설이다.

물감 성분 탓에 어두워진 그림

〈모나리자〉도 다 빈치의 다른 그림들과 마찬가지로 전체적으로 검게 변했다. 다 빈치의 「회화론」이라는 글에서 그림을 그릴 패널을 준비하는 과정의 기록이 나오는데, 석회 혼합물을 납이 주성분인 흰색으로 바탕을 칠했다고 기록되어 있다. 납 성분의 연백(lead white)은 바닥에 대한 부착력은 좋으나 유황과 만나면 검게 변하는 특성이 있다. 다 빈치가 즐겨 쓴(당시에는 다른 화가들도 많이 썼다) 색이 황을 포함하는 울트라마린, 버밀리온, 녹색 등이었기 때문에 처음 칠했던 색에 비해 검게 변할 수밖에 없었다. 다행히 〈최후의

다 빈치, 〈성모와 성자와 성 안나〉, 1510년, 나무에 유채, 168.5×130cm, 프랑스 파리 루브르 박물관

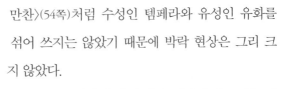

만찬〉(54쪽)처럼 수성인 템페라와 유성인 유화를 섞어 쓰지는 않았기 때문에 박락 현상은 그리 크지 않았다.

이 그림에 대하여 가장 많이 이야기되는 것은 신비로운 미소이다. 입술의 양끝만 살짝 올라간 이 미소는 사실 다 빈치의 그림들에서 거의 변함없이 나타난다. 여자인지 남자인지 모를 〈성 요한〉(59쪽)의 미소와 얼굴 모양도 거의 〈모나리자〉와 흡사하다. 성모 마리아를 그린 다 빈치의 그림 〈성모와 성자와 성 안나〉에서 마리아의 얼굴도 이런 미소를 띠고 있다. 모델이 지은 미소라기보다는 다 빈치가 생각하는 미소의 보편적 표현같이 보인다.

그런데 모나리자의 미소는 동양 사람들, 특히 한국인에게는 아주 친숙하다. 그것은 바로 부처의 미소다. 〈금동미륵보살반가사유상〉 속 부처의 미소는 모나리자의 미소와 많이 닮았다.

모나리자의 미소에 대하여 서양인들이 부산을 떠는 것은 그야말로 난리도 아니다. 바사리는 "인간적인 것을 넘어 성스

〈금동미륵보살반가사유상〉, 국보 제78호,
신라시대, 높이:78cm, 국립 중앙 박물관

럽기까지 한 미소"라고 했고, 프랑스 문학사가인 이폴리트 텐느Hippolyte Taine는 "왠지 불안해 보이고 음란하며 쾌락적이고 열정적이지만 슬프게도 보인다"고 했다. 성스럽다고도 하고 교만한 미소라고도 하고, 슬픔을 삼킨 미소라고도 하고, 점잖은 자세에 숨겨진 창녀의 미소라는 말까지 한다. 심지어 생리 의학적인 설명도 나왔다. 천식환자의 입술 모양이라느니, 마비 증세 때문에 생긴 입술 표정이라느니, 임신 후유증에 의한 것이라는 설명까지 있다.

이 그림이 그렇게 신비로운 분위기를 나타내는 것에는 배경으로 그려진 풍경의 영향도 크다. 이 세상에 존재할 것 같지 않은 풍경인 데다 특히 이탈리아에서는 보기 어려운 풍경이다. 다시 말하면 보고 그린 것이 아니라 다 빈치의 관념에서 나온 표현인 것이다. 그는 평생 끝없는 욕망을 좇은 탐구형 인간이었다. 이러한 풍경도 그의 도달할 수 없는 형이상학적 목표를 나타낸 것이 아닐까 생각된다.

다 빈치는 〈최후의 만찬〉에서와 마찬가지로 〈모나리자〉 역시 뒤의 풍경뿐만 아니라 전체적으로 모든 형태의 윤곽선을 뭉개서 없애는 '스푸마토 기법'을 사용하고 있다. 이탈리아 말로 '안개처럼'이라는 뜻을 담고 있는 스푸마토는, 화면 전체에서 눈에 거슬리는 부분이 없고 공기원근법을 연속적으로 표현하는 데 매우 효과적이다. 이런 기법 덕택에 안개 속의 아련한 신비감을 준다. 스푸마토 기법은 윤곽선이 있는 부분을 기름으로 적시고 손가락이나 해면으로 부드럽게 문질러서 표현한다.

공기원근법은 다 빈치가 어려서부터 산천을 뛰어다니며 관찰한 결과물로 생각된다. 공기는 아무것도 없는 것이 아니라 무게와 밀도가 있어서 멀리 있는 것은 공기에 의하여 흐릿해진다는 것을 넓게 트인 고향의 벌판에서 관찰하고 깨달았을 것이다. 다 빈치만의 독특하고 창조적인 스푸마토 기법이나 공기원근법은 후대의 화가들에게 매우 깊은 영향을 주었다. 신비로운 미소, 그로테스크한 배경, 전체적으로 안개에 감싸인 듯한 스푸마토 기법의 화면, 이 세 가지가 어우러져서 불멸의 신비로운 걸작이 탄생하였다.

명작에 대한 오마주와 패러디

〈모나리자〉는 그려졌을 당시부터 매우 비상한 관심을 끌었고 동료 화가들 사이에서도 '모나리자 신드롬'이랄 수 있을 만큼 많은 모작이 나왔다. 위대

라파엘로, 〈피렌체 소묘〉, 1504년, 종이에 잉크, 220×158cm, 프랑스 파리 루브르 박물관(왼쪽)
라파엘로, 〈유니콘을 안은 여인〉, 1505~6년경, 패널에 유채, 65×51cm, 이탈리아 로마 보르게세 미술관

한 화가 라파엘로Raffaello Santi, 1483~1520도 모나리자 마니아였다. 1504년에 그린 소묘(《프렌체 소묘》)는 다 빈치의 〈모나리자〉를 보고 그린 것으로 생각할 수밖에 없으며, 〈모나리자〉를 바탕으로 그린 것으로 보이는 그림 〈유니콘을 안은 여인〉까지 있을 정도다. 이들은 그림의 구조까지 정확히 같다. 〈모나리자〉도 원래 양쪽에 기둥이 있었으나 거듭된 보수와 액자 교체로 잘리고 말았다.

존경심이 너무 심해 도를 넘으면 반대급부적으로 질투가 섞인 지위 격하도 있게 마련이다. 뒤샹Marcel Duchamp, 1887~1967의 〈L.H.O.O.Q!〉라는 작품은 모나리자 복제품에 수염을 그려 넣은 것이다. L.H.O.O.Q.(엘. 아쉬. 오. 오. 뀌)를 프랑스어 철자로 읽으면 "Elle a chaud au cul"(그녀는 뜨거운 엉덩이를 가졌다)라는 프랑스어 문장이 된다. 〈모나리자〉를 조롱하는 것이다. 1963년에는 워홀Andy Warhol, 1928~1987이 실크 스크린으로 〈모나리자〉를 색만 달리하여 여러 장을 이어 붙인 작품을 발표하여 상업화된 〈모나리자〉를 비꼬기도 했다._ da Vinci

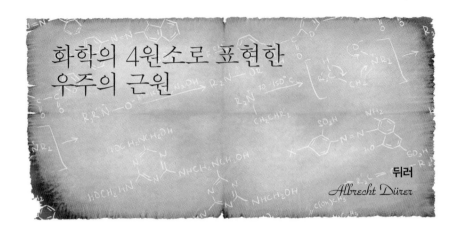

화학의 4원소로 표현한
우주의 근원

뒤러
Albrecht Dürer

1504년에 만들어진 판화 〈아담과 이브〉는 독일의 위대한 화가 뒤러Albrecht Dürer, 1471~1528가 화학, 수학, 의학, 신학, 인쇄술을 집대성한 걸작이다. 뒤러는 헝가리 태생의 금세공사 집안에서 열여덟 명의 자녀 중 셋째로 독일 뉘른베르크에서 태어났다. 아버지를 따라 처음에는 금세공을 익혔으나, 이후 당시 책의 삽화 인쇄의 중요한 부분이었던 판화에 정진하였다.

뒤러는 독일 르네상스 회화의 거장 숀가우어Martin Schongauer, 1453~1491를 스승으로 모셨다. 1498년 목판화 〈요한계시록〉을 발표했고 동판화 기법을 익혀 1512년에는 그의 3대 동판화 걸작으로 꼽히는 〈기사의 죽음과 악마〉, 〈서재에 있는 성인 히에로니무스〉, 〈멜랑콜리아 I〉을 발표했다. 1494년과 1505년의 이탈리아 여행에서는 인체표현법과 원근법을 익혔으며, 1520년 네덜란드 여행에서는 유화 기법을 연구하였다.

뒤러는 100점의 유화, 350점의 목판화, 100점의 동판화, 900점에 이르는

뒤러, 〈아담과 이브〉, 1504년, 동판화, 25×19cm, 독일 카를스루에 국립 미술관

뒤러, 〈기사, 죽음, 악마〉, 1513년, 동판화, 24×19cm, 소장처 불명(왼쪽)
뒤러, 〈서재에 있는 성인 히에로니무스〉, 1514년, 동판화, 24.7×18.8cm, 독일 베를린 쿠퍼슈타히카비네트

드로잉, 그 밖에 미술이론서와 인문과학서, 동·식물의 형태학적 연구서, 여행기 등을 남겨 실로 독일을 대표하는 위대한 예술가이자 학자로 자리매김하였다.

화학, 수학, 의학, 신학, 인쇄술의 결정판

뒤러의 대표작 〈아담과 이브〉는 창조주가 최초의 인간 아담과 이브를 창조했다는 『성경』의 기록을 바탕으로 한 것이다. 500년 전의 판화라고는 믿기지 않을 만큼 기법이 뛰어나다. 여기에는 수학이 숨어 있다. 그리스의 조각에서 시도되어 로마의 건축가 비트루비우스^{Pollio Marcus Vitruvius, BC73~?}에 의해 수학화된 인체의 팔등신 황금비례를 철저히 맞추었다. 다리 길이는 신장의 1/2, 상반신의 반은 젖꼭지, 하반신의 반은 무릎, 발 길이는 신장의 1/7, 얼굴 길이는 신장의 1/10 정도로 하여 인체의 균형미를 강조하였다. 이탈리아 여행 중에 〈밀로의 비너스〉 등 완벽한 이상형을 나타낸 조각들에게서 받은 감명이 뒤러의 독실한 신앙관에 반영되어 표현된 것이다.

　뒤러는 경건한 신앙심을 가진 사람으로 종교개혁자 루터^{Martin Luther, 1483~1546}를 깊이 존경하였다. 『성경』 「창세기」 1장 27절의 "하나님이 자기 형상, 곧 하나님의 형상대로 사람을 창조하시되 남자와 여자를 창조하시고"라는 말씀에 근거하여 신의 모습에 따라 창조된 아담과 이브는 완벽한 절대미의 이

뒤러, 〈토끼〉, 1502년, 종이에 수채와 가슈, 25×23cm, 오스트리아 비엔나 알베르티나 미술관(왼쪽)
뒤러, 〈잔디풀〉, 1503년, 종이에 수채와 가슈, 40×32cm, 오스트리아 비엔나 알베르티나 미술관

상적인 인체를 가져야만 했다.

〈아담과 이브〉의 배경은 에덴동산이다. 중세의 '여백 공포'의 영향인지 화면은 빈틈없이 꽉 채워져 있다. 아담과 이브를 둘러 싼 자연물들은 역시 뒤러의 형태학적 연구의 산물이다. 1501년부터 뒤러는 동·식물을 연구하여 화가인지 과학자인지 분간이 안 갈 정도의 자세한 드로잉을 많이 남겨서 오늘날의 우리를 놀라게 한다. 이러한 동·식물의 표현 역시 뒤러의 신에 대한 경건한 신앙심의 표현이다. 이 그림에서도 쥐·고양이·토끼·사슴·소가 아래에 있고, 나무에는 앵무새와 뱀, 멀리 보이는 높은 산에는 양이 한 마리 위태롭게 서 있는데 여기에는 무슨 의미들이 있을까?

화면을 꽉 메운 에덴동산의 울창한 나무들 중 왼쪽에 있는 나무는 호기심을 나타내는 선악과이고, 오른쪽에 있는 나무는 생명나무이다. 왼쪽 나무의 가지 위에 지혜와 호기심의 상징인 앵무새가 앉아 있는 것으로 알 수 있으며, 오른쪽 나무에 뱀이 걸려 있고 그 뱀이 이브를 유혹하여 먹게 한 생명과가 열린 것으로 보아 알 수 있다.

화면의 오른쪽 상단에는 그림에서 유일하게 뚫린 공간인 하늘 아래 높은 절벽 위에 한 마리의 양이 위태롭게 서 있다. 양은 기독교적 상징으로 "예수의 다니심을 보고 말하되 보라 하나님의 어린 양이로다"라는 「요한복음」 1장 36절의 말씀대로 그리스도를 상징한다. 뒤러는 그림에서 "어린 양 하나로 번제를 갖추어 나 여호와께 드리고"(「에스겔」 46장 13절)라는 말씀대로 그 자신을 하나님께 드리는 제물로서의 신앙심을 표현했을 것이다.

이 그림에서 뒤러는 자신이 이룩한 새로운 기술에 대한 자신감과, 조화와 균형이라는 고전 가치의 부활을 성취했다는 자긍심과, 자신의 깊은 신앙심

동물	사성론	인성	행성	체액	4원소	성질	계절	방위	마방진
토끼	다혈질	활동적	목성	혈액	공기	온습	봄	서	4방진
고양이	담즙질	성급	화성	황담즙	불	온건	여름	남	5방진
사슴	우울질	내성적	토성	흑담즙	흙	냉건	가을	동	3방진
소	점액질	인내심	수성	점액	물	냉습	겨울	북	8방진

사성론과 4원소설과 마방진

의 징표로 그림 왼쪽 위에 있는 나뭇가지에 "뉘른베르크의 알베르투스 뒤러가 1504년에 그렸다"(ALBERTUS DÜRER NORICUS FACIEBAT 1504)라는 라틴어 서명을 명판으로 만들어 달아 넣었다.

우주의 근원을 이루는 원소를 담은 판화

기원전 6세기에 탈레스Tales, BC624~BC546는 아주 작은 씨에 물만 줘도 큰 나무가 되는 것을 보고 우주의 근원은 물이라고 했다. 아낙시메네스Anaximenes, BC585~BC525는 물을 끓이면 공기가 되므로 공기가 그 근원이라고 했으며, 헤라클레이토스Heraclitus, BC540~BC480는 불이 만물의 근원이라고 했다. 시칠리아의 의사 엠페도클레스에 의해 물·불·공기·흙의 4원소설이 정리되었으며, 4원소설은 플라톤Plato, BC427~BC347과 아리스토텔레스의 지지에 의하여 이후 2,000년간이나 서양과학을 지배했다. 네 개의 원소가 서로 반응하여 우주 만물을 만든다는 생각은 우주 만물이 아주 간단한 몇 가지 원소로 조합하여 만들어진다는 근대적인 원소설의 시초가 된다는 데 의의가 있다.

당시 의학계에서는 인체에 대한 체질론도 활발히 연구되었는데, 점성술과

뒤러, 〈멜랑콜리아〉, 1514년, 동판화, 24×19cm, 독일 카를스루에 국립 미술관

결부된 사성론이 널리 받아 들여졌다. 사람들은 각 체액의 과소에 따라 체질이 달라지며 이에 맞춰 다른 치료법을 써야 한다고 생각했다.

다른 체액에 비해 혈액이 과다한 사람은 다혈질로서 활동적인 성격이며 토끼로 상징된다. 원소로는 공기에 해당하여 높이 오르려는 성질이 있고 계절로는 봄에 해당한다. 보티첼리의 〈봄〉이나 〈비너스의 탄생〉(295쪽)에 나오듯이 서풍에 의해 봄이 시작되므로 방향은 서쪽이고 점성술로는 목성의 지배를 받는다.

반대로 검은 담즙이 많은 사람은 우울질로서 차고 건조한 가을에 해당하며 네 원소 중에서 흙에 해당한다. 당시에는 우울질인 사람을 부정적으로 보기보다는 오히려 창의적인 사람으로 보고 역사상 위대한 예술과 학문을 이룬 사람들이 우울질이 많다고 하여 우울질 예찬론도 있었다. 뒤러도 그런 사람 가운데 하나였는데, 그의 우울질 예찬 사상이 동판화 〈멜랑콜리아 I〉에 잘 나타나 있다. 우울질인 사람은 측량과 건축의 행성인 토성의 지배를 받기 때문에 사색에 열중한다. 따라서 우울질이 높아지면 이러한 토성의 영향을 억제하고 정신을 맑게 하기 위해 목성의 도움이 필요하다. 그래서 〈멜랑콜리아 I〉에는 목성을 나타내는 4방진이 그려져 있다. 마방진이란 가로 세로 사방 대각선으로 어느 행으로 더해도 같은 값이 되도록 숫자를 하나씩 써넣은 격자이다. 4방진이면 4×4로서 1부터 16까지의 숫자로 만든 마방진을 말한다.

뒤러의 그림에서 아담과 이브와 함께 그려진 토끼·고양이·사슴·소는 네 가지 체액이 완벽을 이룬, 신이 창조한 완전한 조화의 상태를 나타낸다. _ *Dürer*

밀납과 수은

브뢰헬
Pieter Bruegel the Elder

이 그림을 그린 브뢰헬은 1525년 벨기에 브뤼셀에서 태어났다. 소박한 시골 농부의 삶을 주로 그려서 '농부 브뢰헬'이라고 불릴만큼 그는 풍속화와 속담화로 유명하다.

브뢰헬이라는 이름은 미술사에 꽤 여러 사람이 나오는데 모두 한 가족이다. 이 집안의 성은 지방 이름 브뢰헬(Brueghel)에서 따 왔는데 나중에 h가 빠지고 Bruegel이 된다. 이 중 가장 유명한 사람은 물론 첫 번째로 등장하는 대(大) 피테르 브뢰헬이다.

피테르는 당시 앤트워프 최고의 예술가인 피테르 쿠케 반 알스트Pieter Coecke van Aelst, 1502~1556의 공방에서 정식으로 미술 교육을 받았다. 쿠케는 조각가이자 화가였고, 또 건축가이자 양탄자 디자이너였을 정도로 예술적 재능이 남달랐다.

피테르는 스승 쿠케의 영향으로 처음에는 주로 이탈리아풍의 그림을 그

브뢰헬, 〈이카루스의 추락〉, 1560년경, 캔버스에 유채, 73.5×112cm, 벨기에 브뤼셀 왕립 미술관

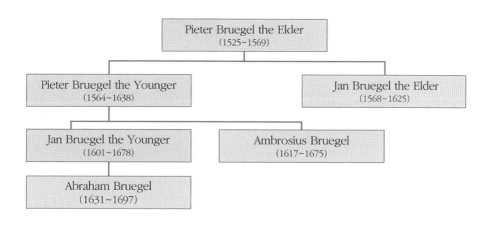

렸다. 또 나폴리, 시실리, 팔레르모, 로마 등 이탈리아의 여러 도시를 여행하면서 고전을 공부했다. 그리고 그로테스크한 화가인 히에로니무스 보슈의 환상적인 그림에서 많은 영향을 받아 종교적인 계몽화와 시골의 풍속을 그리기 시작했다. 서른여덟 살이 되었을 때 스승의 딸 마이켄Mayken과 브뤼셀의 노트르담 성당에서 결혼식을 올리고 아예 그 도시로 이주했다. 여기서 그만의 독창적인 걸작들을 창작하다가 1569년 결혼한 지 6년밖에 안되어 사망하고 말았다. 아이러니하게도 그는 결혼식을 올린 브뤼셀의 노트르담 성당에서 장례미사를 받았다.

뜨거운 태양에 녹은 밀랍 날개

〈이카루스의 추락〉은 그리스 신화의 한 장면을 대(大) 피테르 브뢰헬이 그린 것이다. 지옥왕 미노스가 미로를 만든 명장 다이달로스와 그 아들을 외딴 크레타섬에 가두었다. 다이달로스는 탈출하기 위해 묘안을 짜냈다. 새의 깃털을 모아 밀납으로 붙여서 날개를 만들어 달고 하늘로 날아 탈출하는 것이다. 아버지는 이카루스에게 너무 높이 날지 말라고 충고했다. 태양에 가까워지면

피올라, 〈이카루스와 다이달로스〉, 1670년, 캔버스에 유채, 136×111cm, 개인 소장

밀납이 녹을 수도 있기 때문이다. 날개가 너무 잘 만들어져서 탈출하는데 멋지게 성공하지만 비행에 취한 이카루스는 너무 높이 날아서 태양에 가까이 가는 바람에 밀납이 녹으면서 추락해 죽고 만다.

이카루스의 추락이나 이카루스를 그린 그림은 상당히 많다. 도메니코 피올라Domenico Piola, 1627~1703는 다이달로스가 아들 이카루스에게 날개를 달아주고 있는 장면을 그렸고, 루벤스Peter Paul Rubens, 1577~1640는 하늘을 날던 이카루스가 추락하는 장면을 그렸다. 또 드래이퍼Herbert James Draper, 1864~1920는 추락한 이카루스를 슬퍼하는 장면을 그렸다.

20세기 화가 마티스도 이카루스를 그렸는데 하늘을 날게 된 이카루스와

루벤스, 〈이카루스의 추락〉, 1636년, 나무에 유채, 27×27cm, 벨기에 브뤼셀 왕립 미술관(왼쪽)
드래이퍼, 〈이카루스를 향한 애도〉, 1898년, 캔버스에 유채, 182.9×155.6cm, 영국 런던 테이트 미술관

마티스, 〈이카루스〉, 1947년, 실크스크린, 41.9×26.cm, 미국 뉴욕 메트로폴리탄 미술관(왼쪽)
마티스, 〈이카루스의 추락〉, 1943년, 석판화, 33.3×26.2cm, 미국 매사츄세츠 스패이트우드 갤러리

추락하는 이카루스를 정말 기발하게 묘사했다. 두 그림의 차이는 추락하는 이카루스를 둘러싼 검은 띠와 가슴의 불이다. 푸른 하늘에서 까맣게 떨어지는 모습과 해를 가슴에 너무 크게 품어서 떨어지는 것을 멋지게 표현했다.

추락하고 있는 자국 민중을 향한 절절한 메시지

그러나 브뢰헬의 그림에는 이카루스가 보이지 않는다. 추락하지 않았기 때문에 아직 하늘에 있어야 할 다이달로스도 이 그림에서는 나타나지 않는다. 도대체 이카루스는 어디에 있단 말인가?

그런데 우리만 이카루스를 찾지 못한 것은 아니다. 그림 속 모든 등장인물들도 이카루스를 보지 못하고 있는 것 같다. 앞의 쟁기를 가는 농부는 그런 큰 일이 일어나는지 전혀 모르는 것 같다. 바닷가에서 양을 치는 목자도 마찬가지다.

한편, 이 신화의 원본인 오비디우스의 「변신 이야기」는 이 부분에 있어서 전혀 다르게 묘사되어 있다. 하늘을 나는 이카루스와 다이달로스를 본 쟁기질 하는 농부는 매우 놀랐다고 한다.

바로 여기에 브뢰헬의 위대함이 있다. 다른 화가들은 이카루스의 비행이나 추락을 그릴 때 날개를 달고 하늘을 날고 하늘에서 추락하는 장면을 직접 그렸지만 브뢰헬은 이카루스도 다이달로스도 직접 그리지 않고 추락한 뒤의 모습만을 그려서 더욱 그 이야기를 드라마틱하게 만들고 있다. 오른쪽 범선 앞에 흩어지는 깃털들과 바닷물 위에 반쯤 남아 빠져가고 있는 이카루스의 다리만 보인다. 그런데 그 바로 앞에서 낚시를 하는 사람도 전혀 관심을 나타내지 않는다.

사실 브뢰헬은 신화를 그리고 있는 것이 아니다. 다른 화가들의 그림과 차별을 둔 것은 그가 다른 이야기를 하고 싶은 것이다. 애국심과 신앙심이 돈독한 브뢰헬은 스페인 점령 하에서 정신이 피폐해 가고 있는 자국의 민중들에게 깨어나기를 바라고 계몽하고자 플랑드르의 속담화와 계몽화를 많이 그렸다. 브뢰헬이 그린 〈네덜란드의 속담〉 속에 묘사된 인물들은 백 가지가 넘는 플랑드르의 속담을 연기하고 있다.

〈이카루스의 추락〉 속에도 플랑드르 속담이 나타난다. 화면 왼쪽 앞에 쟁기질 하는 농부의 것으로 보이는 지갑과 그 위에 놓은 칼이 보인다. 칼과 돈

브뢰헬, 〈네덜란드의 속담〉, 1559년, 패널에 유채, 117×163cm, 독일 베를린 국립 미술관

은 잘 쓰면 약이 되지만 못 쓰면 독이 된다는 플랑드르의 속담이다. 그 앞에 작은 씨앗이 바위 위에 있는데, 이것은 『성경』의 「마태복음」 13장 20-21절에서 돌밭의 씨는 자라지 못한다는 메시지를 담고 있다.

브뢰헬이 그린 〈이카루스의 추락〉에는 놀랍게도 연금술의 상징으로 가득차 있다. 16세기에 플랑드르 지방은 연금술의 중심지였다. 플랑드르와 스페인의 지배자였던 카를 5세$^{Karl\ V,\ 1500\sim1558}$는 연금술을 믿고 황실 전용 연금술사까지 고용하고 있었고 브뢰헬 자신도 연금술에 정통하고 있었다. 쟁기질 하는 사람은 연금술사를 암시하고 있는데, 씨앗이 싹이 나서 전혀 다른 열매를 맺는 것처럼 일반 금속을 경작하여 금을 만드는 연금술을 농사와 견줄 수 있기 때문이다. 연금술 역시 제대로 쓰면 약이 되지만 잘 못 쓰면 독이 된다. 바위 위의 씨가 열매를 맺지 못하는 것처럼 연금술도 토양이 좋지 못하면 열매를 맺지 못할 것이다.

바다는 연금술의 가장 중요한 금속인 수은을 상징한다. 그런 의미에서 바다에 떠 있는 범선은 연금술용 실험기구의 상징으로 여겨진다. 바다에 떠 있는 배나 이카루스가 빠지는 바닷가의 나무 가지에 앉은 새도 연금술의 반응병을 상징한다.

이 그림에서 브뢰헬이 하고 싶은 진짜 이야기가 또 있다. 다이달로스와 이카루스처럼 자유를 향한 열망이다. 당시 플랑드르는 스페인 점령 하에 사방이 막힌 상태였다. 그러나 이런 상태에서도 하늘은 뚫리지 않았느냐고 브뢰헬은 말하고 있다. 이 메시지에 당시 플랑드르 청년들이 얼마나 위안을 받고 희망을 가지게 되었을지 짐작할 수 있다.

또한 브뢰헬은 평범한 사람들의 성실함과 근면함이 얼마나 중요한지를 말하고 있다. 그림 속 농부와 어부, 목자 모두 무슨 일이 벌어지던 상관없이 열심히 자기 일을 하고 있다. 브뢰헬은 이 그림을 통해 양날을 가진 칼 같은 연금술을 어줍지 않게 구사하거나 자기 할 일을 제대로 하지 않고 허황된 욕심으로 너무 높이 날면 추락한다는 메시지를 전하고 싶었던 것이다. _ *Bruegel*

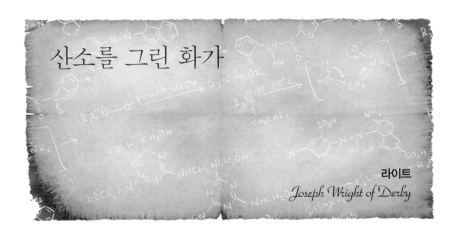

산소를 그린 화가

라이트
Joseph Wright of Derby

조셉 라이트 더비^{Joseph Wright of Derby}는 1734년 9월 3일 영국 더비에서 태어나 일생 대부분을 그곳에서 보내고 1779년 8월 29일에 더비에서 죽었다.

더비는 18세기 영국 산업혁명의 중심지였다. 라이트는 그다지 유명한 화가는 아니었지만 새로운 세계를 보는 눈을 가지고 있어서 중요한 역사적 기록을 놀라운 필치로 그려냈다. 당시까지만 해도 회화는 역사화가 아니면 초상화가 거의 전부였으며, 화가들은 왕족들의 주문에 따라 이런 그림들을 그려주는 일로 생계를 유지했다. 풍속은 격이 떨어지는 회화 소재였으나 라이트는 역사적 의식을 가지고 산업혁명과 과학에 대한 그림을 남겼다.

그림에 나타난 과학에의 호기심

먼저 이 그림이 그려진 배경을 살펴보자. 그림이 완성된 1768년은 영국에

라이트, 〈에어 펌프의 실험〉, 1768년, 183×244cm, 캔버스에 유채, 영국 런던 테이트 미술관

산업혁명이 전개된 때로 일반 대중이 과학에 큰 호기심과 흥미를 가진 시기였다. 화학계에서도 산소를 발견한 프리스틀리Joseph Priestley, 1733~1804와 셸레Karl Wilhelm Scheele, 1742~1786, 연소 반응을 규명한 라부아지에와 베르톨레Claude Louis Comte Berthollet, 1748~1822 등이 활약하고 여러 원소가 속속 밝혀진 시기였다. 또한 이 그림과 같이 대중 앞에서 화학 실험을 재현하는 것이 유행이었다.

화가는 그림 곳곳에 많은 상징을 숨겨 놓았다. 오른쪽 구석의 창문 밖으로 달을 그려 넣었다. 당시 영국에는 루나 소사이어티(Lunar Society)라는 모임에서 산업혁명에 즈음하여 일어난 새로운 과학에 관해 토론을 하곤 했는데 라이트는 그것을 그려 넣은 것이다.

이 그림은 아직 산소의 정체가 대중에게 완전히 알려지기 전이었던 당시, 한 화학자가 사람들을 모아 놓고 실험을 통해서 산소의 정체에 관해서 설명하고 있는 장면이다. 유리병 안에 새를 넣고 에어 펌프로 공기를 빼면 새는 죽는다. 산소가 생명의 원소라는 사실은 당시의 대중에게는 상당히 신기하고 새로운 사실이었다.

유리병 안에 든 새는 대단히 아름다운 앵무새인데, 실제 실험은 쥐나 참새 같이 작고 저렴한 동물이 사용되었을 것이다. 화가는 사실대로만 그리는 것은 아니다. 관객이 사람들의 극적인 표정을 보느라 유리병 안에 든 작은 동물을 지나칠 수도 있기 때문에 장식적인 앵무새를 역시 장식적인 몸짓을 담아 그려 놓았다.

그림을 좀 더 자세히 들여다보자. 라이트는 대중의 과학에 대한 호기심과 흥미를 등장인물의 다양성으로 아주 잘 표현하였다. 가운데에서 실험을 주도하는 긴 붉은색 가운을 입은 화학자의 머리칼이나 표정이 당시 화학자의 대중적 이미지를 나타낸다. 아직 연금술의 여운이 남아 있는 것일까? 어딘지 초췌해 보이고 머리칼도 더러워 보이며 완고한 표정과 어울리지 않는 옷들이 마치 마술사 같다.

왼쪽에는 한 쌍의 연인이 있는데 다른 모든 사람이 실험에 직접적인 데 비하여 이들은 서로에게만 눈길을 주고받으며 실험에는 거의 무관심한 것처럼 보인다. 라이트는 왜 이들을 그려 넣었을까? 당시 대중이 과학에 호기심과 흥미를 가지고 있는 것은 사실이나 모든 대중이 그러했던 것은 아님을,

더 많은 대중이 과학에 참여하기를 바라는 화가의 친과학적 바람을 나타낸 것은 아닐까?

탁자 위에는 마그데부르크의 반구까지 그려져 있다. 연인들 아래의 두 사람은 정말 실험에 매료된 표정과 몸가짐을 잘 보여준다. 한 관찰자의 손에는 시계가 들려져 있다. 새가 죽는 시간을 재려는 것일까? 오른쪽 끝에는 깊은 생각에 잠긴 사람을 그려 놓아서 전반적으로 동적인 화면에 정적인 부분을 첨가하여 전체적인 균형을 맞추었다.

그 위에는 새장 문을 잡은 소년이 있고, 가운데에 있는 큰 소녀는 눈물을 흘리며 우는 것같이 보이며 작은 소녀도 걱정스러운 눈초리로 새를 바라보고 있다. 아이들은 과학적 호기심보다는 새의 불쌍한 처지에 마음이 더 많이 가 있다. 아버지일 것 같은 남자가 소녀를 달래고 있다. 라이트는 미래의 주역인 이 아이들의 태도로부터 과학의 불행한 미래를 보여준다.

시인이 자신의 철학과 시상을 글로 표현하듯이 화가도 그림에서 상징을 통해 많은 것을 나타내려고 한다. 그림에서 숨은 상징들을 하나하나 찾아내는 것은 그림을 감상하는 또 다른 즐거움이다.

조명 효과로 과학의 미래를 비추다

등장인물의 표정을 이처럼 극적으로 나타낼 수 있었던 것은 키아로스쿠로 기법(61쪽) 덕분이다. 라이트는 부분조명을 무대조명처럼 이용하는 카라바조Caravaggio, 1571~1610의 키아로스쿠로 기법, 즉 화면 전체는 거의 밤처럼 어둡고 화면 가운데만 밝게 표현하여 분위기와 긴장감을 높이는 기법을 계승하여

라이트, 〈촛불에 비친 두 소녀와 고양이〉, 1768~69년, 캔버스에 유채, 76×61cm, 개인 소장(왼쪽)
카라바조, 〈골리앗의 머리를 든 다윗〉, 1609~10년, 캔버스에 유채, 125×100cm, 이탈리아 로마 보르게세 미술관

실험의 호기심과 긴장감을 드라마틱하게 표현하는 데 놀라운 효과를 내었
다. 키아로스쿠로(chiaroscuro)는 이탈리어 '밝다'(chiaro)와 '어둡다'(oscuro)
가 결합된 말이다.

　그림의 주제와 그 주제를 들여다보는 사람들의 얼굴을 부분적으로 비추
는 조명으로 그들의 표정을 아주 효과적으로 표현하였다. 가장 밝은 화면의
중심이 되는 탁자 가운데 놓인 유리잔 뒤에 촛불이 있다. 이 작은 촛불이 화

면의 유일한 광원이다. 아이들에게 촛불로 화학을 재미있게 가르치던 패러데이[Michael Faraday, 1791~1867]의 대중 강연 모습이 화면 뒤에 숨어 있는 듯하다.

이 그림은 화학과 미술이 만나는 자리에 적격이다. 근대화학의 기초를 세운 연금술의 시대와 근대화학의 아버지라 불리는 라부아지에 시대를 잇는 중요한 산업혁명의 시기를 상징적으로 나타낸 그림이기 때문이다. 내용도 당시에 가장 대중의 관심을 끈 연소와 생명체 호흡의 관건이었던 산소의 정체에 대한 실험인 점이 흥미롭다. 보면 볼수록 화학자에게 친근감이 느껴지는 작품이다. _ *Wright*

산소를 발견한 세 명의 화학자

매년 8월 1일 조간신문의 한 귀퉁이에는 뜬금없이 산소 얘기가 박스 기사로 실리곤 한다. 신문마다 약간의 차이는 있지만 지면에 연재되는 코너 명칭은 대략 '역사 속 오늘' 같은 것이다. 기사의 내용인즉슨 영국의 신학자이자 화학자인 프리스틀리가 1774년 8월 1일에 우리가 매일매일 호흡하는 산소를 발견했다는 얘기다.

의학에서는 사람이 5분간 산소를 호흡하지 못하면 뇌사 상태에 빠지고 8분이 지나면 죽는다고 한다. 이처럼 산소는 인류 생존에 필수불가결한 원소이지만 사람들은 그 존재를 지금으로부터 200여 년 전에야 어렴풋이 알게 되었다. 지구상의 동물 가운데 인간이 가장 총명한 건 부정할 수 없는 사실이지만, 한편으로는 또 얼마나 무지한 존재인가 생각하게 된다. 수천 년 동안 산소 덕택에 살아왔으면서도 산소의 존재를 몰랐으니 말이다. 재미있는 사실은 8월 1일자 조간신문의 '역사 속 오늘' 기사에 프리스틀리 말고도 두 명의 화학자가 더 등장한다는 점이다. 셸레와 라부아지에가 바로 그들이다. 이들 세 명의 화학자는 서로 산소 발견의 공적이 자신에게 있다고 주장한다. 잠시 그들의 얘기를 들어보자.

1774년 프리스틀리는 커다란 렌즈로 빛을 모아 산화수은(Hg_2O)을 연소시키자 수은과 함께 이름 모를 기체가 발생하는 걸 관찰했다. 그는 이 기체를 당시 유행하던 화학이론인 플로지스톤(Phlogiston)설에 적용하여 '탈플로지스톤 공기'라고 명명했다. 산소를 발견한 것이다. 그러나 그의 실험은 더 이상 진전이 없었다.

이후 라부아지에는 물질이 타는 것과 금속이 녹슬고 재로 변하는 것은 모두 산소와 반응한 것임을 밝혀냈다. 산소의 연소와 산화이론을 정립해낸 것이다. 아울러 라부아지에는 프리스틀리가 발견한 기체가 실은 공기 속에서 1/5의 부피를 가진다는 사실도 알아냈고, 무엇보다 인간의 호흡에 필수적인 원소라는 것도 규명했다. 라부아지에는 1777년 이를 '생명의 공기'로 부르면서 신맛(oxys)을 내는 것(genes)이란 뜻으로 'Oxygen'(산소)라는 이름을 붙였다.

프리스틀리는 라부아지에의 연구 결과를 매우 못마땅하게 여겼다. 화학 분야를 통틀어 가장 위대한 업적 가운데 하나로 꼽히는 산소의 발견에 대한 당시의 평가가 라부아지에로만 모아졌기 때문이었다.

그러나 산소와 관련해서 억울한 화학자는 프리스틀리만이 아니었다. 스웨덴 출신의 화학자 셸레는 프리스틀리보다 2년 앞선 1772년경 실험을 통해 산화수은이나 여러 질산염들을 가열하여 일반 공기보다 더 연소를 잘하는 무색, 무취의 기체를 발견했다. 그는 이 기체를 '불 공기'(fire air)라 명명한 뒤, 1775년경 실험 과정을 기술한 논문을 출판사에 보냈지만, 논문은 출판사의 내부사정으로 책으로 출간되지 못한 채 한동안 편집자의 서랍 안에 갇혀 있었다. 논문 안에 엄청난 실험결과가 수록돼 있다는 사실을 출판사는 2년이 지나서야 알게 되었다.

어쨌거나 후대 사람들은 '산소의 발견'이라는 위대한 과학적 업적을 생각할 때마다, 한 명이 아닌 세 명의 화학자를 동시에 떠올리게 됐다. 아울러 과학자들은 '발표'와 '이론 정립'이야말로 '발견' 못지않게 중요하다는 교훈을 깨닫게 됐다.

근대화학의 어머니에
대한 헌화

다비드
Jacques-Louis David

1794년 5월 8일, 근대화학의 아버지 라부아지에$^{Antoine\ Laurent\ de\ Lavoisier,\ 1743~1794}$가 단두대에서 목숨을 거두었다. 수학자 라그랑주$^{Joseph\ Louis\ Lagrange,\ 1736~1813}$는 이 사건에 대해 "그의 머리를 잘라버리는 일은 한순간이지만, 그와 같은 머리를 만들려면 100년은 더 걸릴 것이다"라고 말했다.

인류 역사상 가장 위대한 화학자

라부아지에는 법률가인 아버지를 따라 법률 공부를 해서 스무 살에 변호사 자격증을 취득하였다. 아버지는 아들에게 훌륭한 법률가가 되려면 인문과학뿐 아니라 자연과학도 알아야 한다며 자연과학 교육을 강조하여 한림원 회원들, 즉 라카이유에게 수학과 천문학을, 루이유에게 화학을, 베르나에게 식물학을 배우게 하였다.

다비드, 〈라부아지에 부부의 초상〉, 1788년, 캔버스에 유채, 259.7×196cm, 미국 뉴욕 메트로폴리탄 미술관

그 결과 라부아지에는 자연과학에 더 큰 흥미를 느껴 1766년 가로등을 발명하여 한림원 금메달을 받았다. 1764~1770년 한림원 회원인 게타르와 함께 알자스로렌 지방의 광물지질도를 완성하였다. 라부아지에는 그 공로로 1768년 불과 스물다섯 살의 나이에 프랑스 한림원 회원이 되었으며, 그해 세금징수원조합에 들어가 자크 폴제Jacques Pailze, ?~1794를 만나고 그의 열세 살 된 딸과 결혼하였다.

라부아지에는 아침과 저녁에는 화학 실험을 하고 낮에는 관리로 일하였다. 1775년에는 탄약국장이 되어 초석 제련법을 개선하여 프랑스 화약 제조 수준을 유럽 최고로 끌어올렸다.

듀퐁Pierre Samuel du Pont de Nemours, 1739~1817은 라부아지에의 절친한 친구였는데, 그의 사후에 미국으로 이주하여 그의 화약 기술을 이용하여 '듀퐁 드 느무르'라는 화약 공장을 세웠다. 그것이 오늘날 세계 최고의 화학 기업인 듀퐁이다.

라부아지에는 뛰어난 화학자였을 뿐 아니라 금융과 행정에도 능통하였다. 1785년에는 농업위원이 되어 농기계와 농업기술 발전에 큰 업적을 남겼으며, 1787년에는 오를레앙의 도의원으로 선출되어 행정과 사회 전반적인 개혁으로 이름을 떨쳤다. 그해에 세계 최초의 화학 학술 잡지『화학연보』를 간행하였다. 1788년에는 지금의 프랑스 국립은행의 전신인 디스카운트 은행의 디렉터로 일하기도 했다.

라부아지에는 연소 반응에서 산소의 역할을 밝히고, 화학 반응에서 물질 보존의 법칙을 규명하는 등 근대화학의 토대를 만들었다. 그의 업적은 화학 발전에 큰 영향을 미쳤기 때문에 동시대의 '프랑스 혁명'에 견주어 '화학 혁명'이라고도 부른다.

그때까지만 해도 연소를 설명하는 주된 이론은 플로지스톤 이론이었다. 플로지스톤(Phlogiston)을 많이 함유한 물질일수록 더 잘 타는데, 어떤 물질이 연소하여 재가 남고 무게가 가벼워지는 이유는 플로지스톤이 물질에서 빠져나가는 것이라고 설명하였다. 그리스어로 '불꽃'을 뜻하는 플로지스톤은 종이, 숯, 황처럼 잘 타는 가연성 물질이 함유하고 있는 성분으로 알려져 왔다.

이에 대해 라부아지에는 1778년경 연소하면 무게가 더 증가하는 금속의 연소(산화) 반응에 대한 실험을 규명하고, 무게가 감소하는 연소 반응에서 발생하는 기체를 모아 감소한 무게를 측정함으로써 '연소는 산소와 결합하는 반응'이란 것을 밝혀냈다.

그는 이 같은 새로운 화학이론을 정립하기 위해 책을 출판했다. 동료 화학자들인 베르톨레Claude Louis Comte Berthollet 1748~1822, 푸르크루아Antoine François Fourcroy, 1755~1809, 모르보Louis-Bernard Guyton de Morveau, 1737~1816 등과 협력하여 낡은 화학용어를 고쳐서 낸 『화학명명법』(1787)은 현재 사용하는 화학용어의 기초가 되었다. 아울러 화학을 체계적으로 저술한 『화학원론』(1789)도 출판하였다.

라부아지에만큼 위대한 그의 아내 '마리'

라부아지에의 아내인 마리Marie Anne Pierrette Paulze는 1758년 1월 20일 루아르라는 시골에서 법률가이자 금융가인 자크 폴제의 외동딸로 태어났다. 1771년 그녀가 열세 살 때, 쉰 살의 아메르발 백작이 당시 세금징수원이었던 아버지 자크 폴제의 상관을 움직여 결혼을 압박하였으나 거절하였다. 그녀의 아버지는 상관의 압박에 전전긍긍하며 딸을 빨리 다른 사람에게 결혼시키고 싶어하던 차에 같은 세금징수원인 라부아지에를 만났고, 그해 12월 16일에 두 사람을 결혼시켰다.

결혼 후 마리는 남편에게 화학과 수학을 배웠다. 어학에 소질이 있어 영어와 라틴어에 능통하였으며, 그림에도 대단한 재능을 지녀서 다비드에게 미술을 배웠다. 남편을 위해 영어로 된 논문을 번역해 주었고, 판화나 드로잉으로 그녀가 직접 그린 삽화를 곁들인 완벽한 실험 노트를 작성해 주었다.

라부아지에를 '근대화학의 아버지'라고 부르는 데 대하여 그녀를 '근대화학의 어머니'라고 부르는 가장 큰 이유는, 근대화학을 출발시킨 라부아지에의 『화학원론』에 기여한 그녀의 공로가 크기 때문이다. 이 책에는 그녀가 그린 열세 개의 도판이 포함되었는데 참으로 유용한 작품들로서 대단히 정교하고 예술적인 수준도 갖추었다. 후대의 화학자들은 이 도판들로 인하여 큰 도움을 받았다.

또 하나의 공로는 커완^{Richard Kirwan, 1733~1812}의 『플로지스톤에 대한 에세이』를 프랑스어로 번역한 것이다. 라부아지에는 이 번역 덕분에 플로지스톤설 논쟁에서 승리를 거둘 수 있었다.

1793년 12월 24일 라부아지에와 장인 자크 폴제는 세금징수원 경력으로 체포되고, 1794년 5월 8일 단두대에서 처형되었다. 그 후 마리도 체포되었으나 혁명파가 몰락하는 바람에 풀려났다. 그녀는 재산은 거의 다 잃어버렸지만 라부아지에의 실험 노트, 실험 기구 등을 모두 찾아서 정리하여 그의 작업을 8권의 책으로 집대성하여 출판하였다. 라부아지에는 생전에 제1권을, 그것도 겨우 시작만 했을 뿐이었다.

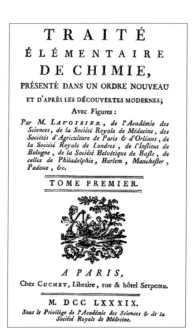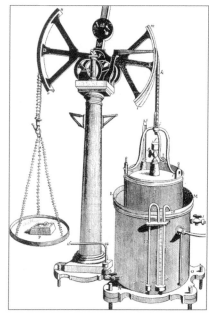

라부아지에의 『화학원론』 표지(왼쪽)와 이 책에 수록된 마리의 도판 가조미터

실험 조수, 연구 동료, 도서 사서, 삽화가, 편집자, 출판가, 번역가, 비서, 영양사, 격려자 등 마리를 빼고는 라부아지에의 업적을 이야기하기 어려울 만큼 그녀의 역할이 컸다.

남편을 최고의 과학자로 이끈 위대한 아내에 대한 헌화

다비드Jacques-Louis David, 1748~1825가 라부아지에 부부를 그린 〈라부아지에 부부의 초상〉은 한 시대를 대표하는 대예술가가 위대한 과학자를 그린 거의 유일한 그림이다. 다비드가 이 그림을 그리게 된 까닭은 아마도 마리의 요청에 의해

서일 것이다.

그림의 주인공은 당연히 라부아지에일 것 같지만 화면을 보면 주인공은 라부아지에가 아니라 그의 아내 마리인 느낌을 떨칠 수가 없다. 라부아지에는 조연으로서 주인공인 마리를 바라보고 있고, 마리는 주인공으로서 사람들을 향해 자신 있게 웃으며 포즈를 취하고 있다. 라부아지에의 다리가 책상보 밑으로 힘차게 뻗어 나와 있는 것이 그의 무게가 느껴지는 유일한 요소이다.

책상 위에 있는 실험 기구들과 라부아지에 발밑에 있는 기구를 조합하면, 기체를 분리하여 무게를 측정하는 유디어미터(eudiometer) 장치가 된다. 기체를 포집하는 종 모양의 유리병과, 수은 위에서 연소시키고 무게를 측정하고 진공 마개를 부착한 둥근 플라스크 등으로 연결된 장치를 볼 수 있다.

또 가조미터(gazometer)라는 기구도 보인다. 연소 반응에서 줄어드는 무게를 정밀하게 측정하는 장치와 그 반응에서 발생하는 기체를 모으는 장치의 정교한 부분들을 보여준다.

이 그림은 라부아지에가 오를레앙의 도의원으로 있을 때 그려졌다. 당시 그는 정치적으로 위상이 높고 학문적으로도 국제적인 명성을 얻었다. 다비드뿐 아니라 듀퐁, 벤자민 프랭클린Benjamin Franklin, 1706~1790, 조셉 프리스틀리, 제임스 와트James Watt 1736~1819, 아더 영Arthur Young 등의 저명인사들이 그의 집을 방문하였다. 그들은 라부아지에 부인이 음식을 잘 하고 명랑하며 매우 총명하여 높은 수준의 대화가 가능한 드문 여성이라고 칭찬하였다. 듀퐁과 아더 영은 라부아지에 사후에 그녀에게 청혼하였으나 거절당하기도 했다.

1805년 마리는 벤자민 톰슨Benjamin Thompson, 1753~1814이라는 럼포드 백작을 만나 재혼하였다. 톰슨은 미국 매사추세츠 태생의 영국 과학자로 고급 벽난로의 톰슨 상표로 유명하다. 그는 열이 물질이 아니라는 것을 밝혀냈으며 열효율이 뛰어난 벽난로를 발명하였다. 그는 바바리아왕의 신임을 얻어 군사고문으로서의 공로로 신성로마제국의 백작이 되었다.

마리는 두 사람의 세계적인 화학자와 결혼한 셈이다. 그녀는 톰슨과 결혼하면서도 라부아지에 이름을 버리는 것을 강력히 거부하였다. 둘의 사이는 그리 오래 가지 못해 결혼한지 불과 4년 뒤 이혼하고 그녀는 다시 마담 라부아지에로 남아 있다가 1836년 2월 10일 78년의 생애를 마감하였다. _David

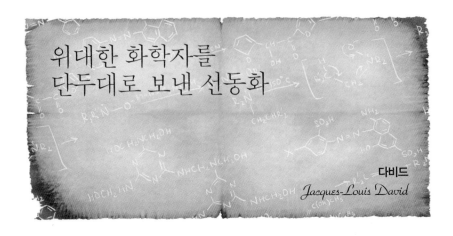

위대한 화학자를
단두대로 보낸 선동화

다비드
Jacques-Louis David

다비드, 〈마라의 죽음〉, 1793년, 캔버스에 유채,
111.3×85.6cm, 프랑스 랭스 미술관

2005년 4월 예술의 전당에서 '서양미술 400년전'이 열렸다. 많은 귀한 작품 원본이 선보인 전시라서 매우 흥미있게 감상하였다. 그런데 다비드가 그린 〈마라의 죽음〉 이라는 작품은 상당히 크다고 알고 있었는데, 실제로 보니 좀 작았다. 더구나 일반적으로 알려진 그림과 전시된 그림이 달랐다. 그림 속 침대 앞에 놓인 나무 상자의 글이 달랐다. "A MARAT. DAVID"라고 써 있어야 하는데, 그 작품에는 "N'AYANT PU ME CORROMPRE, ILS M'ONT ASSASSINE"라고 써 있었다. 이상해서 전시 관계자에게

다비드, 〈마라의 죽음〉, 1793년, 캔버스에 유채, 165×128cm, 벨기에 브뤼셀 왕립 미술관

물어 보았더니 분명히 원본이라고 했다. 어찌된 일인가? 전시 도록을 사 가지고 와서 집에 있는 미술도감의 〈마라의 죽음〉을 찾아 비교해 보니 크기와 나무 상자의 글을 제외한 나머지 부분은, 심지어 옷감의 주름까지 정확히 같았다. 우리가 알고 있는 브뤼셀 왕립 미술관에 소장된 작품의 크기는 165×128cm이고, 이번에 전시된 것은 111.3×85.6cm였다. 나중에 참 독특한 사실을 알게 되었다.

혁명을 선동하다

다비드는 〈마라의 죽음〉을 세 점이나 그렸다. 왜 그랬을까? 예술 작품을 남기려는 의도보다는 민중을 선동하려는 의도가 더 컸던 것 같다. 하나는 루브르 박물관에, 또 하나는 랭스 미술관에, 또 다른 하나는 브뤼셀 왕립 미술관에 보관되어 있다. 루브르 박물관에 소장된 것은 나무 상자에 아무 글이 없다. 랭스 미술관에 소장된 것에는 "그들이 나를 죽여도 나를 부패시키지는 못할 것이다"(N'AYANT PU ME CORROMPRE, ILS M'ONT ASSASSINE)라고 쓰여 있다. 브뤼셀 왕립 미술관에 소장된 것에는 "다비드가 마라에게 바침"(A MARAT. DAVID)이라고 쓰여 있다. 랭스 미술관의 작품은 보관 상태가 너무 좋지 않아 공개하지 못하다가 10개월간의 보수를 마치고 일반인에게 전시되고 있다.

　　다비드는 1748년 8월 30일 파리에서 태어났다. 1774년 스물여섯 살 때 당시 화가들이 동경하던 로마대상을 수상하였고, 1775~80년 로마에 머무르면서 고전미술을 연구하였다. 그는 앵그르^{Jean-Auguste Dominique Ingres, 1780~1867}와 더불

다비드, 〈호라티우스 형제의 맹세〉, 1785년, 캔버스에 유채, 330×425cm, 프랑스 파리 루브르 박물관

어 신고전주의의 대표적 화가이다.

파리로 돌아온 때는 막 혁명의 기운이 싹트기 시작하던 무렵이었다. 다비드의 최고 걸작인 〈호라티우스 형제의 맹세〉는 애국적인 내용을 담았다고 하나 혁명을 선동한 것도 사실이다. 그는 급진적인 자코뱅파에 가담하여 미술가로서뿐만 아니라 정치적으로도 큰 권력을 누렸다.

다비드는 자코뱅파의 지도자 로베스피에르Maximilien Robespierre, 1758~1794가 실각한 후 투옥되었다. 이후 나폴레옹 황제의 권력을 정당화하는 대작들을 그려 나폴레옹Napoléon Bonaparte, 1769~1821의 신임을 받고 정치적으로도 복권하는 데 성공하였다. 그러나 나폴레옹이 몰락한 후 1816년 벨기에 브뤼셀로 망명하여 끝내 조국으로 돌아오지 못하고 1825년 12월 29일 생을 마감했다.

과학을 덮친 혁명의 그림자

이 그림의 주인공 마라 Jean Paul Marat, 1743~1793 는 스위스에서 태어나 영국에서 의학을 공부하고 영국과 프랑스에서 의사로서 명망을 얻었다. 그는 학문적으로 뿐 아니라 정치적으로도 야심이 있었다. 인간에 대한 철학적 에세이와 빛, 불에 대한 연구 결과를 발표했는데, 평은 그리 좋지 않았다.

1779년경 라부아지에는 마라의 한림원 입성을 반대했다. 이 때문에 마라는 한림원과 라부아지에를 적으로 여기게 되었다. 그는 불이 입자같은 물질이라고 주장했고 라부아지에는 그 논리와 실험의 부당함을 지적하였다.

1789년 혁명이 시작되자 마라는 「시민의 친구」라는 신문을 발간하여 혁명을 선동하였다. 위법적인 비방과 폭력을 선동하다가 1790년과 1791년에 두 번이나 영국으로 피신하였다. 그런 중에도 지하에서 계속 신문을 내면서 독설로 혁명을 선동하였다.

마라는 왕당파뿐만 아니라 같은 공화주의자 중에서도 급진적이지 않은 사람은 모두 적으로 몰고 공격하였다. 성직자, 귀족, 평민 대표들로 이루어진 삼부회의를 소집하여 온건한 혁명을 이루려던 네케르 Jacques Necker, 1732~1804, 혁명의 이론적 바탕이 되었던 「인권 선언문」을 작성했던 라파예트 후작 Marquis de Lafayette, 1757~1834, 입헌군주제 공화정주의자인 혁명지도자 미라보 Honoré Mirabeau, 1749~1791 등 자신과 생각이 다른 사람들을 무자비하게 공격하였다.

마라는 이렇게 급진적인 폭력 혁명을 선동하여 1789년 9월 피의 대혁명을 일으키는 데 지대한 공헌을 하였다. 그 여세로 국민회의에 입성하고 엄청나게 많은 사람을 단두대에서 처형하였다. 그는 정치적 라이벌이자 학문적 원수인 라부아지에가 가난한 시민의 세금을 착취하는 악덕 세금징수원이었다고 고소하였다.

1793년 7월 13일, 온건한 혁명주의자인 지롱드파에 속한 스물네 살의 시골 처녀 샤를로트 코르데Charlotte de Corday, 1768~1793가 마라를 살해했다. 마라는 고질적인 피부병으로 피부가 마르는 것을 막기 위해 욕조에서 집무를 보는 때가 많았는데 그곳에서 살해 당했다. 다비드는 그의 죽음을 미화하여 이 그림을 그렸다.

다비드가 그린 뛰어난 회화 덕분인지 마라의 시체는 역사적 위인들과 같이 판테온에 안장되어 2년간 시민의 애도를 받았다. 그러나 곧 그의 급진적인 사상과 피를 부른 폭력적 선동에 대한 역사의 재평가가 이루어졌고, 그를 암살한 코르데의 평가와 희비가 뒤집혀서 지금은 잔인한 인물로 평가하는 역사가도 있을 정도다.

마라의 살해 사건에 다비드의 그림까지 영향을 끼쳐 혁명은 극단으로 치달았고, 1794년 5월 8일에 결국 라부아지에와 그의 장인인 자크 폴제도 단두대에서 처형되었다.

코르데는 〈마라의 죽음〉에는 나타나지 않지만 이 그림의 또 한 명의 주인공이다. 가난한 귀족 출신으로 노르망디 시골에서 태어나 열세 살 때 어머니를 여읜 뒤 캉(Caen)의 수도원에 들어갔다. 루소Jean-Jacques Rousseau, 1712~1778 등의 저작을 읽고 혁명적 시민 사상에 심취하여 공화주의자가 되었으나 피의 혁

보드리, 〈샤를로트 코르데〉, 1860년, 캔버스에 유채, 203×154cm, 프랑스 낭트 미술관

명이 아닌 온건한 개혁을 지지하여 지롱드파의 청년당원이 되었다.

코르데는 파리에서 자코뱅파가 득세하여 수많은 사람을 죽인다는 소식을 듣고서는 그런 폭력과 숙청이 공화국을 세우는 데 오히려 해가 된다고 판단하였다. 그래서 그 잔인한 숙청 운동의 중심에 있는 자코뱅파의 지도자인 마라를 살해하기로 결심하고, 그 길로 파리에 올라와 마라의 집을 방문하여 욕조에 있던 그를 살해하였다.

코르데는 체포되어 사형을 언도받았다. 사형이 집행되기 직전에 초상화를 그려 달라고 요구하고, 의연하고 편안한 표정으로 공화국을 위해 순교한다는 말을 남기고 죽음으로써 영웅이 되었다. 후에 그녀의 소원대로 자기가 살해한 마라와 평판이 뒤바뀌며 프랑스 혁명의 중요 인물로 역사에 남았다.

마라의 살해 사건을 다룬 또 하나의 유명한 그림은 제2제정 때인 1860년 보드리Paul Jacques Aime Baudry, 1828~1886가 그린 〈샤를로트 코르데〉다. 보드리의 그림에는 막 죽은 마라만이 아니라, 그를 살해한 코르데가 프랑스 지도를 배경으로 서 있는 모습이 인상적이다.

위대한 화학자를 희생시킨 음모

다비드의 작품 〈마라의 죽음〉은 한 급진적 혁명가의 죽음이라는 역사적 사실을 소재로 한 작품이다. 살해할 때 사용했을 바닥에 떨어진 칼, 코르데가 보낸 편지, 칼에 찔린 가슴의 상처 등, 마치 당시의 상황을 재현하듯이 화면 안에 그대로

다비드, 〈마라의 죽음〉 중 편지 부분도

그려 놓아 살인 사건의 실제적인 기록으로 보인다. 그러나 당시 마라와 같은 급진적 자코뱅파에 있던 다비드에 의하여 마라의 죽음은 교묘하게 미화되었다.

마라의 손에 들린 편지는 살해자 코르데가 그에게 보낸 것으로 되어 있다.

"1793년 7월 13일, 마리 안느 샤로테가 시민 마라 씨에게, 제가 너무나 비참하여 당신의 친절을 기대할 수밖에 없습니다."

이런 편지를 마라의 손에 들린 다비드의 의도는 확실하다. 청렴하고 헌신적인 마라는 병환 중에도 불구하고 욕조에서까지 국민을 위해 일하였다. 코르데는 고통받는 시민으로 위장하여 잠입하였고, 마라는 죽는 순간까지도 불쌍한 시민으로 위장한 살인자를 위해 헌신하다가 억울하게 죽었다. 이 그림을 보면 누구나 그렇게 생각하게 된다. 이것이 다비드 그림의 힘이다.

다비드는 마라의 죽음을 알자마자 곧 이 그림을 제작하였고, 1793년 11월

14일 의회에 전시하였다. 그림을 본 시민들은 흥분하였다. 다비드는 자코뱅 파가 너무 잔인하다고 불평하던 시민들의 마음을 자기편으로 돌려놓았다. 다비드는 이렇게 정치적인 살해 사건을 불멸의 이미지로 만드는 데 성공하였다.

사진과 같은 이 그림의 영향은 당시에 실로 지대하였고 지금도 마찬가지다. 다비드는 그런 영향을 강하게 하기 위해 화면의 반 이상을 어둡게 하고 낮게 숙인 마라의 머리에 관객의 시선을 모으고 강한 감정을 갖게 하는 데 성공하였다. 윗부분의 어둠은 진공처럼 우리에게 분노를 자아내게 하는데, 어둠의 오른쪽에 있는 어렴풋한 빛은 그의 순교에 의한 결과로서 희망을 보여주는 듯하다.

마라의 가슴에 난 상처나 드러난 피 자국은 모두 사실처럼 보이지만, 실은 그렇지가 않다. 얼굴도 시체 같지 않고 살해당했을 때의 괴로움도 없이 온화한 표정이다. 시체가 이렇게 편지와 펜을 들고 있는 것도 이상하지만, 편지를 쥔 팔과 펜을 들고 늘어진 팔까지도 시체 같지 않고 여전히 집무를 하는 살아 있는 팔 같다.

이것은 시민의 영웅이 초췌한 모습이어서는 안 된다는 다비드의 계산에 의한 것이다. 머리에 두른 수건은 마치 성인의 후광 같은 효과를 주고, 가슴에 난 상처는 그리스도의 창에 찔린 상처를 연상시킨다. 다비드가 나무 상자에 쓴 "다비드가 마라에게 바침"이라는 문구는 마치 묘비 같아서 그의 죽음을 순교자나 그리스도의 죽음처럼 경건한 기념비로 격상시킨다. 또한 랭스 미술관에 소장된 그림의 "그들이 나를 죽여도 나를 부패시키지는 못할 것이다"라는 글은 마라의 청렴결백함과 그의 개혁이 약화되지 않을 것이라는 선동적 의미를 담고 있다.

다비드의 예술과 마라의 죽음은 전문가, 지식인, 국가, 개혁 등 여러 가지에 대해 깊은 생각을 갖게 한다. 사회 저명인사 등 이른바 공인은 일반 대중에게 때로 엄청난 영향력을 행사한다. 때로는 사실을 왜곡하고 감정을 증폭시키거나 방향을 바꾸게도 한다.

마라는 위대한 학자 라부아지에가 자신의 학문적 오류를 지적하고 한림원 입성을 반대했다고 하여 혁명의 시기에 그를 죽이는 데 성공했다. 한때 라부아지에를 존경했던 제자 푸르크루아도 그의 처형에 찬성했다. 마라, 다비드, 로베스피에르는 시민의 적을 척결한다는 미명하에 단두대 앞에 서서 "공화국은 과학자를 필요로 하지 않는다. 정의만 있을 뿐이다"는 말을 던지며 인류의 재산인 라부아지에의 생명을 단두대로 끊어버렸다.

다비드는 공화파로서 왕당파를 격파하고 300명이 넘는 사람을 단두대로 보내는 데 찬성표를 던졌다. 그런데 나폴레옹이 집권하자 철저한 황당파(황제 옹립 당파)가 되었다. 황당한 일이 아닐 수 없다.

사랑이 없는 정의는 인류에게 오히려 해가 될 수 있으며, 얼마나 잔혹할 수 있는가를 깨닫게 해준다. _David

김홍도의 풍속화에 나타난
'입체이성질체'

김홍도 金弘道

보통 조선의 4대 화가라고 하면 안견, 정선, 김홍도, 장승업을 꼽는다. 이 가운데서도 특히 김홍도를 빼고는 조선회화를 이야기할 수 없다. 몇몇 소설과 영화, 드라마 같은 데서 김홍도가 제자 신윤복을 넘지 못하는 자신의 재능을 탄식하는 스승으로 묘사되기도 했지만, 이는 어디까지나 픽션에 지나지 않는다. 최근 신윤복에 대한 재조명이 이뤄지고 있지만, 그렇다고 해도 조선회화사에서 신윤복이 김홍도를 뛰어넘는다고 보기에는 무리가 있다.

　김홍도[1745~?]의 본관은 김해, 자는 사능(士能), 호는 단원(檀園), 서호(西湖), 취화사(醉畵士), 고면거사(高眠居士), 첩취옹(輒醉翁), 단구(丹邱) 등을 사용했다. 어렸을 때 당대 최대의 문인화가인 강세황[1712~1791]의 문하에서 그림을 배워 도화서 화원이 되었다. 1771년(영조 47년) 정조 이산의 초상화를 그려 유명해 졌으며, 스물여덟 살인 1773년에는 어용화사(御用畵使:임금의 용안을 그릴 수 있는 전속 화가로 서양의 궁정화가에 해당한다)로 발탁되어 어진화사(御眞

김홍도, 〈씨름〉, 제작연도 미상, 종이에 담채, 39.7×26.7cm, 국립 중앙 박물관

畫師:임금의 용안을 그리는 중요한 국정 행사)에서 영조의 용안을 그렸다. 1791
년에는 정조 어진 원유관본(遠遊冠本)을 그린 공으로 충북 연의 현감에까지
임명되어 1795년 정월까지 봉직했다. 현감 퇴임 뒤에는 경제적 곤궁과 질병
으로 고생스런 말년을 보냈다.

김홍도는 산수화, 인물화, 기록화 등 모든 장르에 능했고, 특히 그의 풍속
화는 우리 전통 화단에서 새로운 경지를 개척한 큰 유산이다. 조선 후기 서
민들의 생활상을 치밀한 구성에 해학을 곁들여 감칠맛 나게 표현한 김홍도
의 풍속화는 중국화와 차별되는 우리만의 독창적인 화풍을 이룩한 것으로
평가받는다. 그의 한국적 화풍은 신윤복을 비롯한 조선 후기 화가들에게 지
대한 영향을 끼쳤다.

과학자마저 탄성을 지르게 하는 치밀한 구도와 시선

김홍도 풍속화 가운데 특히 필자의 마음을 사로잡는 그림이 바로 〈씨름〉이
다. 이 그림은 보물 527호로 지정된 『단원풍속도첩』에 들어 있는 25점의 그
림 중 하나이다.

당시 단오가 되면 남정네들은 씨름판을 벌이거나 활쏘기 시합을 하였고
여인들은 그네타기와 창포에 머리를 감았다. 단오가 음력 5월 5일이므로 서
로 돌려가며 도와주는 모내기를 막 마치고 한껏 부푼 풍년의 기대를 마을
전체가 함께 즐겼던 것이다.

〈씨름〉은 구도가 매우 절묘하다. 씨름꾼 두 사람이 가운데 있고 그 주위를
구경꾼들이 둥그렇게 둘러싸고 있는 원형 구도이다. 그런데 군중들은 네 무

리로 나눠져 있다. 위의 오른쪽 무리는 다섯 명인데 앞에 놓인 뾰쪽 벙거지를 보면 하층민인 말잡이이고 그 주위의 네 명도 비슷한 낮은 계급의 사람들로 보인다. 그 왼쪽 무리는 여덟 명인데 대체로 양반들인 것 같다. 대부분 갓을 쓰고 있다. 그 아래 왼쪽에는 엿장수를 포함하여 다섯 명의 무

8	5
5	2

〈씨름〉의 이방진 구도

리가 있고 그 오른쪽에는 다시 두 명이 배치되어 있다.

대각선으로 무리의 수를 더한 값은 모두 10으로 둘 다 같다. 일종의 이방진인 셈이다. 이것은 지루하지 않게 다양성을 주면서도 절묘한 균형을 이루는 구조이다.

김홍도는 역동적인 주제인 씨름을 그리면서 매우 독창적인 장치들을 여기저기 설치해 놓았다. 일단 씨름꾼에게로 시선이 모이도록 원형 구도를 택했다. 그러나 모이기만 하면 답답해지므로 오른쪽은 탁 틔어 놓았다. 또 모든 구경꾼들의 시선이 가운데로만 모이지 않는다. 엿장수는 전혀 딴청을 피우고 딴 방향을 보고 있어 긴장 속에서도 해학을 보여준다.

이 그림이 역동감을 주는 중요한 장치가 두 가지 더 있다. 하나는 상하 무게의 뒤바뀜이다. 보통 그림은 아래가 무겁고 위쪽이 가벼워 안정감을 준다. 그런데 이 그림은 위쪽에 아래쪽보다 월등히 많은 구경꾼을 배치하여 불안정한 느낌을 준다. 이 불안정성이 특별한 역동감을 만들어 내는 것이다. 아래쪽인 관객 쪽보다 위쪽이 더 무거움으로 인해 그림 자체가 앞쪽 관객 방향으로 쏟아질 것 같은 긴박감을 준다.

또 씨름꾼의 자세를 살펴보면, 들배지기를 당한 씨름꾼이 앞쪽으로 넘어

지는 순간을 그려서 마치 3D 영화에서 화면이 관객 쪽으로 쏟아지며 관객들의 탄성을 자아내는 듯한 순간을 재현하였다. 이 얼마나 절묘한 장치인가!

그런데 이게 다가 아니다. 더욱 놀랄만한 장치가 그림 속에 숨어 있으니, 다중시점(눈높이)이라는 고급 기법이다. 구경꾼들은 하늘에서 내려다보는 시선으로 그렸다. 둥글게 앉아 있는 판을 형성한 것이다. 그러나 그 판 위에서 씨름을 벌이는 두 사람은 땅바닥에서 위로 쳐다보는 시선으로 그렸다. 한 그림에 각기 다른 두 시점이 존재하는 것이다. 비범한 역동감이 생기는 것은 이처럼 복잡한 계산에 의한 결과이다.

그림 속 씨름 시합에서는 누가 이길까? 그림을 자세히 살펴보면 이미 답이 나와 있음을 알 수 있다. 뒤쪽에 있는 씨름꾼은 들배지기를 당하여 들려 있다. 표정도 양 미간이 심하게 일그러져 있다. 이와 반대로 등을 보이고 있는 씨름꾼은 이를 악 물고 넘기기 위해 마지막 용을 쓰고 있다. 자신감 넘치고 다부진 표정이다. 두 다리도 힘 있게 뻗치고 있다. 그런데 진짜 승부는 구경꾼이 먼저 알았다. 오른 아래쪽 두 구경꾼은 다급하게 몸을 뒤로 빼며 놀란 표정이다. 들배지기를 당한 사람이 자기들 쪽으로 넘어져 올 것을 몸으로 나타내고 있다.

거장의 실수 혹은 광학이성질체의 예술적 표현?

〈씨름〉을 자세히 감상하다보면 한 가지 이상한 점이 눈에 들어온다. 김홍도와 같은 거장이 실수할 리가 없다지만 그림 아래 오른쪽 두 구경꾼 중 하나

김홍도, 〈무동(舞童)〉, 제작연도 미상, 종이에 담채, 27×22.7cm, 국립 중앙 박물관

의 손이 이상하다. 왼손과 오른손을 바꿔 그렸다. 이런 현상은 그의 또 다른 걸작 〈무동〉에서도 나타난다. 앞쪽 오른쪽에서 등을 보이고 해금을 타는 사람의 손을 보면 줄을 타는 왼손이 이상하다. 해금도 기타처럼 목을 왼손으로 밑에서 감싸 쥐어야 하는데 마치 오른손으로 감싼 것처럼 그렸다.

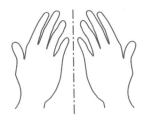

오른손과 왼손의 광학이성질체

〈무동〉의 나선형 구도

이 두 그림 모두 왼손과 오른손을 바꿔 그린 셈이다. 오른손과 왼손은 형태는 같은데 겹쳐지진 않는다. 유기화학물질 중 화학식은 완전히 똑같은데 겹쳐지지는 않아서 사실은 다른 물질이 되는 것을 광학이성질체(chirality)라 하고 그렇게 오른손과 왼손 관계에 있는 것을 키랄(chiral)이라고 한다. 대가가 실수를 그것도 두 번씩이나 하다니 믿어지지 않는다. 혹시 김홍도는 유기화학의 광학이성질체를 그린 것은 아닐까? 똑 같지만 겹쳐지지 않은 것!

김홍도는 〈무동〉에서도 절묘한 역동성을 나타내는 또 다른 장치를 시도한다. 구도는 역시 원형 구도인데 나선형으로 도는 구도이다. 구도만 아니라 농담(濃淡)으로도 나타내었다. 앞에서 춤을 추는 소년의 필체가 가장 진하고 그 옆 아래쪽 해금 타는 사람이 다음으로 진하며, 이어 대금 부는 사람, 피리, 장구, 좌고 순으로 나선형으로 점점 옅어진다. 절묘한 역동감이다.

특히 춤추는 아이를 그린 필체는 서양화에서는 볼 수 없는 붓의 필력으로 담은 신묘한 율동감을 자아낸다. 이런 필력은 서양화의 붓으로는 절대로 표현할 수 없는 선이다. 서양화에서 쓰는 붓과 한국화에서 쓰는 붓은 겉모양은 비슷하지만 그 구조가 전혀 다르다. 서양화에서는 모두 같은 털을 사용하여 단순하게 만든 붓을 사용하지만, 한국화에서 사용하는 붓은 중심에 심(心)이라는 다른 털이 끼워져 있다. 부드럽고 가는 털과 달리 조금 더 강한 털을 중심에 심었기 때문에 유연하면서도 탄력이 있다. 그래서 큰 붓으로 가늘고 섬세하게 그리는 기법이 가능하다. 즉, 서양화에서는 칠하는 부분의 크기에 따라 여러 크기의 붓을 준비하여 바꿔가며 사용한다. 반면, 한국화는 좀 크게 보이는 붓 하나로 큰 모양과 섬세한 필치까지 모두 소화한다. 우리의 전통 붓이라야 가능한 일이다. 한국화에서는 필력을 중시하기 때문이다. 일필휘지(一筆揮之)를 가능하게 하는 것도 이 때문이다.

붓에 사용한 털의 종류도 매우 다양하다. 토끼, 너구리, 양, 말, 고양이, 쥐, 담비, 늑대, 다람쥐, 여우, 소, 물소, 곰, 돼지, 학, 백조 등 거의 모든 동물의 털을 사용한다. 붓의 털끝은 칼을 사용해 다듬지 않고 자연 그대로의 상태로 끝을 모아서 만든다. 그래야 붓끝이 자연스럽게 모아지고 물을 머금는 정도가 일정하다. 특히 '인태발'이란 것이 있는데 이것은 사람이 태어나서 한 번도 자르지 않은 머리털로 만든 붓이다. 조선시대 사대부집에서는 아들이 태어나면 어렸을 때의 원래 모발을 얼마큼 모아서 인태발로 붓을 만들어 두었다가 장성하여 과거를 보러갈 때 그 붓을 내어주곤 하였다. _檀園

같지만 같지 않은 입체이성질체

오른손과 왼손은 같은 형태로 보이지만 사실은 다른 형태로서 겹쳐지지 않는다. 왼손은 오른손을 거울에 비친 상의 형태를 갖고 있다. 이런 형태가 화학 분자에도 적용된다. 1960년경 유럽에서는 입덧완화제로 쓰이는 탈리도마이드라는 약을 복용한 임산부들이 기형아를 출산하여 문제가 되었다. 탈리도마이드는 거울상이성질체를 갖고 있는 물질로서 오른손 모양을 한 탈리도마이드는 입덧완화의 순기능을 하는 물질이었으나 왼손 모양을 한 탈리도마이드는 유전자변형을 일으킨다는 무서운 사실이 밝혀져 충격을 주었다. 이같이 입체이성질체는 형태와 물리화학적 물성은 매우 비슷하지만 생리의학적인 차이를 보여주는 경우가 많다. 때때로 오른손 형태는 약이 되고 왼손 형태는 독이 되기도 한다. 카르본이라는 분자도 R형은 스피아민트향이 나고, S형은 케러웨이향이 난다.

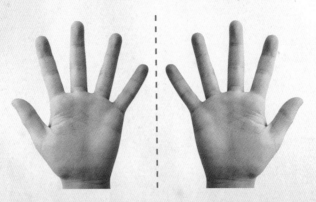

이러한 입체이성질체란 화학식이 같은 두 분자가 결합 순서만 바뀌어 다른 형태를 이루는 현상을 말하는데, 여기에는 기하이성질체와 광학이성질체가 있다. 거울상이성질체는 광학이성질체이며, 기하이성질체에는 시스-트랜스 구조가 있다. 탄소에 각기 다른 네 개의 치환기가 결합되어 있을 때 그 탄소를 비대칭(chiral) 탄소라고 하며, 비대칭탄소가 있어야 광학이성질체가 존재한다. 빛은 파동을 가지고 있어서 360도 사방으로 파동을 치면서 원통과 같이 직진하는데 한 방향으로만 파동을 치면서 얇은 판과 같이 직진하는 빛을 편광이라고 한다. 편광이 광학활성 물질을 통과하면 오른 방향이나 왼 방향으로 회전하기 때문에 광학이성질체라고 한다. 이 현상은 프랑스의 파스퇴르[Louis Pasteur, 1822~1895]가 처음 밝혀냈다.

S(+)젖산 　　　거울　　　 R(−)젖산

거울상이성질체를 표현하는 방법은 d/l, D/L, R/S, (+)/(−) 등이 있다. 편광이 오른쪽으로 회전하는 것을 라틴어로 오른쪽을 뜻하는데서 유래한 dextrorotatory 즉 'd' 또는 (+)라고 명명하고, 왼쪽으로 회전시키는 것은 levorotatory 즉 'l' 또는 (−)로 구분한다. 당이나 아미노산 같은 생체물질에는 종종 비대칭탄소가 하나 이상 존재하여 D/L로 구분해 부르기도 한다. 이들은 직접 편광실험을 해 보아야 알 수 있는데, 화학구조만 보고 구분하는 체제가 R/S이다. R, S, D, L과 실제로 편광 빛이 회전하는 방향은 다를 수 있다.

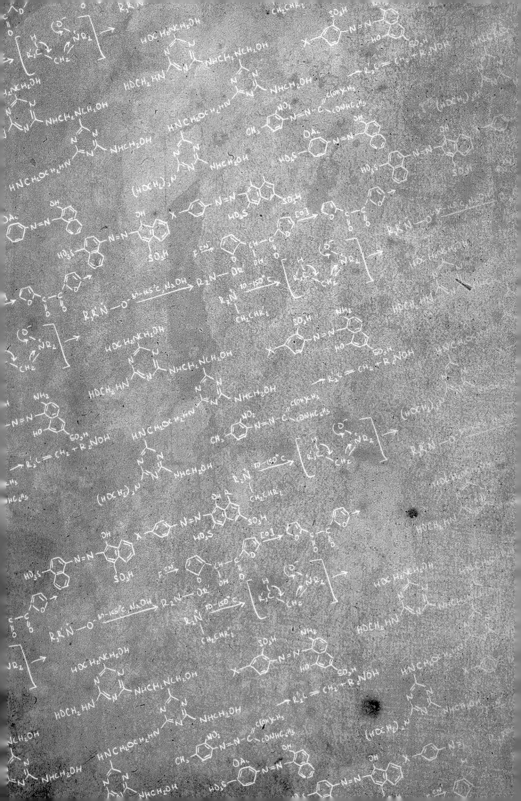

Chapter 3

광학과 색채과학이
캔버스에 들어가다

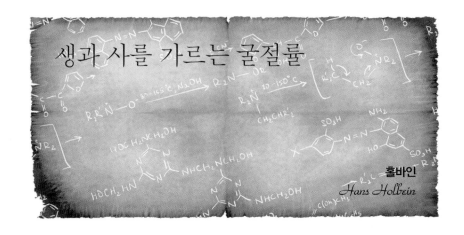

생과 사를 가르는 굴절률

홀바인
Hans Holbein

한스 홀바인Hans Holbein, 1497~1543은 뒤러와 함께 독일 르네상스를 대표하는 화가이다. 미술사에는 세 명의 홀바인이 등장한다. 두 명의 한스 홀바인과 암브로시우스 홀바인이다. 〈대사들〉을 그린 화가인 한스 홀바인과 그의 아버지는 같은 이름이고, 암브로시우스 홀바인은 한스 홀바인의 형이다. 그래서 아버지는 한스 홀바인 엘더 the Elder, 아들은 한스 홀바인 영거 the Younger라고 부른다. 아버지도 당시 대단한 화가로 인정받았는데, 그의

홀바인(아버지), 〈암브로시우스와 한스 홀바인〉, 1511년,
화이트 코팅 종이에 실버포인트, 10.3×15.5cm, 독일 베를린 국립 미술관

홀바인, 〈대사들〉, 1533년, 패널에 유채와 템페라, 207×209.5cm, 영국 런던 내셔널 갤러리

판화 중에 아들 홀바인 형제를 그린 그림이 있다.

한스 홀바인은 1497년(또는 1448년) 독일 아우크스부르크에서 태어나 형 암브로시우스와 함께 화가인 아버지에게 미술을 배웠다. 1515년 스위스 바젤에서 미술을 공부하며 이탈리아를 자주 여행하다가 르네상스 미술에 매료되었다. 특히 다 빈치의 미술을 흠모하여 깊게 연구하였으며 그의 미술에서 큰 영향을 받았다. 형 암브로시우스는 스물다섯 살을 넘기지 못하고 요절하여 화가의 뜻을 제대로 펴지 못하였다.

그림 속 소품에 담긴 인생의 함의

당시는 거의 모든 사람이 자기가 태어난 마을에서 옆 마을 정도나 가보고 일생을 마치던 시절이었다. 그런데 한스 홀바인은 독일·스위스·이탈리아·영국 등을 드나들던 국제적인 인물이었으며, 이 나라들의 이름 높은 사람들과도 친분이 있었다.

홀바인은 영국의 장관이던 친구 토마스 모어Thomas More, 1477~1535의 주선으로 영국 왕 헨리 8세Henry VIII, 1491~1547의 궁정화가로 초청되어 영국으로 갔다. 그런데 공교롭게도 모어는 왕의 결혼을 반대한 죄로 감옥에 투옥된 상황이었다.

홀바인은 불안해하던 중에 우연히 장 드 댕트빌Jean De Dinteville이라는 프랑스 외교관을 만났다. 그는 젊은 나이에 상당한 위치에 올랐고, 작지만 꽤 훌륭한 성채도 가진 명망 있는 가문의 젊은이였다. 그는 홀바인에게 자신의 초상화를 실제 인물 크기로 부탁하였다. 그는 야심 있는 인물로서 홀바인의 명성을 익히 알고 있었기에 가로 세로가 각각 2미터가 넘는 대작을 자기 가문 소유의 성에 걸 생각이었다. 이리하여 한스 홀바인의 명작 〈대사들〉이 탄생하였다.

다행히 이 그림을 그린 뒤 홀바인의 재능을 알게 된 헨리 8세가 모어의 투옥에도 불구하고 궁정화가로 초청한 일은 그대로 진행되었다.

홀바인은 모델의 외모만 그린 것이 아니라 화가로서 느낀 모델의 성격과 내면세계까지 그렸다. 〈대사들〉에서 왼쪽에 있는 댕트빌은 자신의 명망(물론 현재만이 아니라 미래의 희망까지를 더한)을 나타내기 위하여 흰 담비 털로 안감을 댄 망토를 입었고 왕실 훈장을 가슴에 달았다. 권위의 상징으로 칼집까지 들었는데, 칼집에는 그의 나이 29가 새겨 있다. 그림 오른쪽에 있는 사람은 댕트빌의 친구인 조르주 드 셀브^{Georges de selves}이다. 그는 열여덟 살에 주교가 된, 종교계의 떠오르는 실력가였다.

그림에는 댕트빌의 주문으로 수많은 소품이 동원되었다. 우선 위 선반의

홀바인, 〈대사들〉 중 천구의 부분도(왼쪽), 토르케툼과 10면각해시계 부분도

물건들부터 보자. 댕트빌 쪽에 천구의가 놓였는데 별자리 그림이 수상하다. 즉 이 천구의는 실제 천구의라기보다는 댕트빌의 애국심을 나타낸다. 프랑스를 상징하는 수탉이 독수리를 공격하는 모습이 별자리를 빙자하여 나타나 있다. 그 옆에 있는 것은 원통형 달력이다. 날짜는 4월 11일을 나타내고 있다.

가운뎃부분의 가장 잘 보이는 자리에 놓인 나무로 만든 기구는 시간과 천문을 측정하는 토르케툼(Torquetum:'투르켓'(Turquet)이라고도 부름)인데 중세 기독교인들의 산물이다. 그 오른쪽에는 뒤러의 〈멜랑콜리아 I〉(142쪽)에서도 나왔던 10면각해시계다. 주교 쪽으로 놓인 책에는 25(XXV)라는 숫자가 써 있는데 이는 주교의 나이다.

아래 선반에서는 우선 지구의가 눈에 띈다. 지구의에는 유럽이 가운데 있으며 댕트빌의 성채가 있는 고향 폴리시가 그려져 있고, 그가 외교관으로 활약한 도시들과 당시 새로 발견된 아메리카 대륙이 그려져 있다. 말하자면 그림으로 나타낸 경력사항쯤 되는 셈이다.

기도문 책으로 보이는 책갈피에 십자가가 놓

지구의와 류트와 찬송가 부분도

여 있으며, 앞쪽에 찬송가가 펼쳐져 있고 "성령이여 오셔서 나의 영혼을 깨우소서"라는 마틴 루터의 찬송이 보이는데, 댕트빌의 신앙을 나타낸 것이다. 어쩌면 화가 자신의 불안한 마음을 덮으려는 기도인지도 모른다.

당시는 음악이 지성을 높이기 위한 중요한 수단 중 하나였는데 그래서인지 류트가 상당히 크게 그려져 있다. 바닥의 모자이크 무늬는 영국 최고 권위의 상징인 웨스트민스트 사원의 바닥 무늬와 똑같이 그렸다. 아마도 댕트빌의 주문이었을 것이다.

이 많은 소품은 댕트빌이 당시의 지식들, 즉 7과목(문법, 수사학, 논리학, 천문, 기하, 대수, 음악)에 모두 관심이 많으며 정통하다는 사실을 장황하게 보여준다. 거기에 자신을 세상 권력의 화신처럼, 종교계의 권력자를 대치시켜 놓아 모든 것을 소유한 것으로 그리고 있다. 이 그림은 댕트빌 자신의 경력과 희망하는 미래까지 모든 것을 담은 경력증명서였다.

허무하게 굴절된 인생

류트를 다시 보자. 음악은 찬송에 쓰일 뿐 아니라 세상 영화와 쾌락도 나타낸다. 그런데 이 류트는 이상하게도 줄 하나가 끊어져 있다. 댕트빌의 의도와는 달리 이제 홀바인의 허무에 대한 메시지가 나타나기 시작한다.

이게 뭔가? 가운데 아래쪽에 상어 뼈 같은 이상한 물체가 상당히 크게 그려져 있다. 정면에서 봐서는 무슨 그림인지 알 수 없는 왜곡된 상이다. 관람자가 이 그림을 정면에서 보면 우선 사방 2미터가 넘는 크기와 두 주인공의 화려한 모습에 놀란다. 그리고 해박한 지식과 투철한 신앙을 나타내는 여러 정교한 과학적인 소품을 보며 다시 한 번 감탄한다. 그러고는 바로 이 이상한 왜상(歪像, anamorphosis)을 접한다. 무언가 기분이 음산하고 신비롭고 무엇인지 알 수 없다고 느끼며 한참을 갸우뚱거리다가 출구인 오른쪽 문으로 나간다. 그때 아까의 알 수 없는 왜상에 대한 이상한 기분을 떨칠 수 없어서 그림을 뒤돌아보는 순간, 모든 부귀와 영화는 다 사라지고 오직 뚜렷한 해골만이 나타난다.

독자들도 실제로 그것을 볼 수 있다. 이 그림을 오른쪽 약간 위쪽에서 비껴 볼 수 있도록 세워서 곁눈으로 보라. 이 그림이 경외감을 주며 홀바인의 최대의 걸작으로 꼽히는 것은 바로 이 왜상 때문이다.

1615년 네덜란드의 과학자 스넬[Willebrord van Roijen Snell, 1591~1626]이 발견한 굴절률의 법칙을 보면 두 매질의 굴절률이 각각 N1, N2라면 상대굴절률은 $\frac{N2}{N1}$으로 나타난다. 즉 두 매질의 굴절률의 차이가 크면 클수록 왜곡 각도가 커지게 되는 것이다.

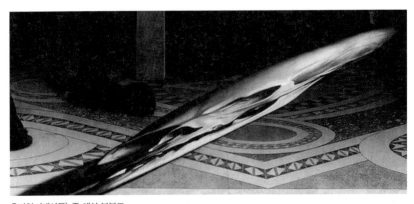

홀바인, 〈대사들〉 중 왜상 부분도

재물과 권력, 부귀와 영화의 세상과 성스러운 영혼의 세상은 서로 다른 매질이다. 우리 인간은 살아 있을 때는 죽음을 바로 보지 못한다. 살아 있을 때의 시간과 영생 또는 사후 영혼의 시간은 속도가 다를 수밖에 없다. 심지어 살아생전에도 젊은 때와 늙어서의 시간 속도가 다르게 느껴지지 않는가.

각 매질에서의 투과 속도를 각각 V1, V2, 빛의 속도를 C라면, CV1×N1＝V2×N2이므로 $\frac{N2}{N1} = \frac{V1}{V2}$가 된다. 즉 각각의 투과 속도 차이가 클수록 왜곡은 커진다. 부귀와 영화와 탐욕의 세상에 대한 인식과, 죽음 이후의 영원한 세계에 대한 인식 차이가 클수록 왜곡은 더 커져서 우리에게 더욱 난해하게 보일 것이다.

여기서 홀바인이 주는 메시지는 많은 명작에서 해골로 나타내는 "죽음을 기억하라"(momento mori)이다. 허무하게 끝날 수밖에 없는 인간의 과시와 욕심이 헛되다는 것이다. 그는 댕트빌의 주문대로 많은 지식과 권력과 명예를 나타내는 소품들로 요란하게 그림을 치장하였지만, "헛되고 헛되며 헛되고 헛되니 모든 것이 헛되도다"라는 『성경』 「전도서」 1장 2절의 말씀을 전하는 것을 잊지 않았다.

홀바인 자신의 이름 또한 우연하게도 '구멍난 뼈'(holbein)이다. 당시 유럽에는 많은 전염병이 창궐하였으며 가정마다 병으로 죽은 식구가 없는 집이 없었다고 한다. 당시에는 누구도 죽음의 두려움에서 자유로울 수 없었으리라. 홀바인 자신도 결국 런던에서 흑사병에 감염되어 마흔여섯 살의 짧은 생애로 세상을 등졌다._Holbein

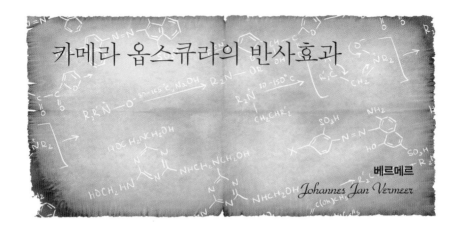

카메라 옵스큐라의 반사효과

베르메르

Johannes Jan Vermeer

트레이시 슈발리에Tracy Chevalier의 장편소설 『진주 귀고리 소녀』가 같은 이름의 영화로 제작되었다. 영화는 다소 통속적인 멜로드라마로 각색되었다. 가난한 화가가 부잣집 여자에게 장가를 갔다. 아내는 신경질적이며 세속적이다. 그 집의 어린 하녀는 아내와 달리 예술적인 감각이 있다. 신분의 격차에도 불구하고 화가와 하녀는 서로 사랑하게 되었다. 그러나 아내와 장모 때문에 사랑은 결실을 보지 못하고 마음으로만 애태웠고, 마침내 서로의 사랑과 욕망이 묻어나는 명작이 탄생했다.

베르메르Johannes Jan Vermeer, 1632~1675에 대해 조금이라도 알고 또 그의 그림을 아는 미술 애호가라면 이 영화는 또 다른 감동을 준다. 영화에서 그림을 제대로 표현하는 것은 쉽지 않은데 이 영화는 그림의 분위기를 정말 완벽하게 담아냈다.

베르메르, 〈진주 귀고리를 한 소녀〉, 1665~66년경, 캔버스에 유채, 74.5×39cm, 네덜란드 헤이그 미술관

침묵을 그린 화가

이 소설은 다른 소설과 느낌이 좀 다르다. 정중동(靜中動)이라고 할까. 중세 유럽 당시의 상황과 주인공들의 심리 상태를 아주 섬세하게 묘사하여 마치 한 점의 그림을 보는 것 같다.

자기를 드러내고 웅변하는 화가로 미켈란젤로나 루벤스를 꼽는다면 침묵하는 화가로는 코로Jean Baptiste Camille Corot, 1796~1875나 프란체스카Piero della Francesca, 1416~1492를 들 수 있다. 하지만 베르메르야말로 정적인 침묵의 화가 중 최고라고 할 수 있다.

베르메르의 그림은 매우 정적이다. 영화에서도 그는 아주 과묵한 사람으로 나온다. 그의 그림에서 모델은 거의 늘 혼자이며, 두세 사람이 등장하는 그림에서도 어쩐지 그들의 대화는 소리가 없을 것만 같이 느껴진다. 그는 다른 화가와 달리 자화상 하나 그리지 않았다. 〈화가의 아틀리에〉와 같이 자신을 그린 듯한 그림에서도 등을 돌려 얼굴을 보이지 않아 자신을 드러내지 않는 그의 성격을 보여준다.

화가 베르메르의 생애에 관하여는 별로 알려진 바가 없다. 그래서 더 소설의 소재가 될 여지가 있었을 것이다. 베르메르는 네덜란드의 델프트라는 곳에서 태어나 거의 죽을 때까지 그곳을 떠나지 않았다. 스물한 살에 부잣집 딸과 결혼하고, 화가 길드(지금의 조합)의 회원이 되었다. 협회의 사무적인 일을 맡았으나 그림을 많이 그리지도 않았고 더욱이 자기 그림을 파는 일에도 적극적이지 않았다.

베르메르는 가장이지만 돈을 버는 일에 무관심했기 때문에 빚이 늘어만 갔다. 그가 짧은 생애를 마칠 때는 열한 명이나 되는 아이들과 아내 앞으로

베르메르, 〈화가의 아틀리에〉, 1666~67년경, 캔버스에 유채, 120×100cm, 오스트리아 비엔나 미술 박물관

많은 빚만 남겨 놓았다. 그래서 그의 그림은 이리저리 경매로 팔려 나갔다.

　당시의 다른 화가들처럼 베르메르도 처음에는 『성경』과 신화의 장면이 담긴 역사화를 그렸다. 그러나 곧 자기 집을 무대로 삼아 가족이나 하인, 이웃, 후원자 들의 모습을 그렸다. 그래서 배경이 거의 비슷한 그림이 여러 점 있다.

빛과 색의 조화로 그림에 이야기를 담다

베르메르는 거의 200년간이나 잊혀진 화가였다. 19세기 이후에야 그에 대한 재조명이 있었고, 그의 그림 모작이 나와 경매장에 돌아다니기까지 하였다.

빛과 색을 해석하고 표현하는 데 베르메르보다 더 훌륭한 화가를 찾기 어려울 정도로 그의 색채 표현은 뛰어나다. 그는 당시의 다른 화가들에 비하여 색감이 강렬하고 빛을 잘 이용하였다. 대상물에 비치는 햇빛의 해석은 거의 200년 뒤의 인상파 화가들과도 견줄 만하다. 그는 늘 빛이 대상에 비쳤을 때 표면에 생기는 빛의 효과를 탐구했다. 그래서 어떤 미술사가는 그의 그림을 보면 물감에 진주 가루를 갈아서 섞은 것으로 보인다고 했다.

베르메르의 그림은 묘사력이 매우 뛰어나서 초점이 없는 사진같이 보이는데 그러면서도 매우 사실적으로 느껴진다. 그의 대표작 중의 하나인 〈화가의 아틀리에〉를 보면 벽에 걸린 지도의 굴곡이 너무도 사실적으로 그려져 있다. 이런 사실적인 기법에는 카메라 옵스큐라(camera obscura)라는 사진기계가 사용되었을 것이라고 한다. 실제 그의 그림들에는 이러한 징후가 여럿 보인다.

〈진주 귀고리를 한 소녀〉에 등장하는 소녀의 표정을 유심히 살펴보자. 입술이 유난히 붉어서 연지를 바른 듯한데 윤곽이 조금 번져 있어서 더욱 탐

미적으로 보인다. 개인초
상화에서 입술을 반쯤 벌
린 예는 거의 없다. 영화에
서는 그 때문에 베르메르의
아내가 그림이 음란하다고
소리치는 장면도 나온다.

　미술사가들은 베르메르
의 그림에는 대부분 이야기
가 없다고 말한다. 인물들
은 같은 장소에서 인형처럼
움직임이 거의 정지되었고
메시지가 없는 것처럼 보인
다. 그러나 이 그림은 좀 특
별한 매력이 있다.

베르메르, 〈우유를 따르는 여인〉, 1658~60년경, 캔버스에 유채,
45.4×41cm, 네덜란드 암스테르담 국립 미술관

　소설과 영화에서는 화학자들에게 흥미를 일으킬 만한 '진사'라는 원광에
서 얻는 버밀리온, 청금석에서 얻는 울트라마린 등의 안료와 그 원료들을 처
리하는 장면이 여러 번 나온다. 베르메르는 노란색과 파란색을 많이 사용하
였는데, 특히 노란색을 즐겨 사용하였다. 여인을 그린 인물화 가운데 열여덟
점에서 모델들이 노란색의 옷을 입고 있을 정도이다. 베르메르의 또 다른 대
표작 〈우유를 따르는 여인〉도 그가 좋아하는 노란색 윗도리와 파란색 치마
를 입었는데 그 색감은 정말 놀랍다.

　영화에서 베르메르가 후원자 반 라위번의 아내를 그린 그림 〈진주 목걸이

베르메르, 〈진주 목걸이를 한 여인〉, 1662~64년경, 캔버스에 유채,
55×45cm, 독일 베를린 국립 미술관

를 한 여인〉을 완성하여 공개하는 자리에서 반 라위번이 베르메르에게 아내의 옷을 '인디언 옐로'로 칠했냐고 묻는 장면이 있다. 베르메르가 그렇다고 하자, 반 라위번이 인디언 옐로는 망고잎만 먹은 소의 오줌으로 만든 색이라고 하면서, 자기 아내에게 딱 맞는 색을 칠한 셈이라고 농담을 하는 장면이 나온다.

그러나 이 영화의 작가는 인디언 옐로를 잘못 이해하고 있는 듯하다. 인디언 옐로는 인도에서 15세기쯤 발견되었으나 유럽 화가들이 이 색을 사용한 것은 18세기 이후이다. 인디언 옐로가 문헌에 처음 나타나는 것은 1786년 아마추어 화가 드허스트Roger Dewhurst의 편지에서다. 더구나 유화에 쓰인 것은 그보다 훨씬 이후인 1830년대 이후라고 한다. 그러니까 베르메르가 활약하던 1660년경에는 이런 안료가 유럽에 있었을 리 없다.

영화에서 단지 재미있는 대사를 위해 그런 설정을 한 것 같은데, 시나리오 작가에게 이런 전문적인 고증을 기대하는 것은 무리일지도 모른다. 그러나 몇 년을 준비했다는 원작소설에서도 이런 오류가 나온다. 소설에서는 노란색으로 마시코트(massicot)를 썼다고 나온다. 그러나 이 마시코트도 1841년에 발견된 광물성 안료이다. 베르메르가 썼던 노란색은 납과 주석으로 된 노랑이었을 것이다.

베르메르의 그림들은 빛의 효과에 대한 해석에서 인상파에서야 나타나는 현대성이 보인다. 그러나 인상파처럼 튀지 않고 매우 안정적이다. 엄격하게 사실적이며 생명이 살아 있는 분위기를 나타낸다. 그러면서도 움직이는 것이 아니라 동작이 정지해 있는 듯하다.

유혹적인 여인을 묘사하는 말로 '팜므 파탈'(femme fatal)이란 말이 있다. '치명적인 여인'이란 뜻으로, 관계가 엮이면 치명적인 상처를 입을 수밖에 없지만 너무나 유혹적이라서 피할 수 없는 여인을 말한다. 베르메르는 〈진주 귀고리를 한 소녀〉에서 몸을 드러내지 않고 얼굴만으로도 이 소녀를 팜므 파탈로 그려냈다. 소녀는 반쯤 벌린 입술 사이로 우리에게 무엇인가를 말하려는 듯도 하고 무엇인가를 갈망하는 듯도 하다. _*Vermeer*

무한과 절대의 포물선

프리드리히^{Caspar David Friedrich, 1774~1840}는 독일 최고의 낭만주의 화가이다. 그의 그림에는 유난히 포물선 구도가 많이 나온다. 〈월출〉은 프리드리히 특유의 숭고미가 고조된 그림 가운데 하나인데 여기에도 떠오르는 달이 만드는 하늘 풍광이 포물선을 그리고 있다.

에너지를 모으는 곡선

포물선은 끝없이 뻗어 가는 광활함을 나타낸다. 프리드리히의 풍경화에는 바다나 광야가 많이 등장하는데 여기에 적용된 포물선 구도는 그 풍경을 더욱 광활하고 무한하게 확장시키는 역할을 한다. 그뿐 아니라 하늘의 구름이 만드는 포물선과 바닷가의 바위가 만드는 곡선이 맞대어져서 마치 영화에서의 시네마스코프(Cinema-Scope)* 효과를 낸다.

프리드리히, 〈월출〉, 1822년, 캔버스에 유채, 71×55cm, 독일 베를린 국립 미술관

대형 화면은 가운데 부분과 양쪽 끝부분의 거리가 달라 양끝이 다소 확대
된 영상이어야 시각적으로 완전하게 보인다. 포물선 구도의 풍경화는 이런
효과를 주어서 프리드리히가 나타내려는 자연의 광대함을 더욱 효과적으로
전달한다. 이처럼 포물선은 에너지나 광선을 모으는 곡선이다.

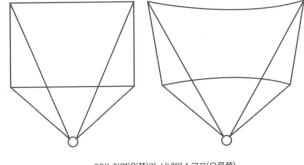

일반 화면(왼쪽)과 시네마스코프(오른쪽)

프리드리히의 그림은 특별한 경외감을 느끼게 한다. 독특한 시점 때문이다. 시점에 대한 그의 특별한 연구는 〈창〉 시리즈에 더욱 명확하게 나타난다. 그는 1805~6년에 같은 창문을 다른 각도에서 바라본 〈오른쪽 창〉과 〈왼쪽 창〉이라는 두 그림을 그렸다. 여기서 그가 탐구한 것은 인간 지각의 한계성이다. 물론 그 원전은 절대자 신에 비하여 제한된 시각을 가진 인간의 신에 대한 경외심을 나타내는 것이다.

고전회화에서는 화가 또는 관람자의 시점은 늘 한가운데였다. 〈창〉 시리즈에서는 시점을 오른쪽과 왼쪽 끝부분으로 바꾸었고, 또 다른 대표작 〈안개바다 위의 방랑자〉에서는 하늘 높은 공간으로 바꾸었다.

인상파 화가 고흐도 마치 화학자들이 다른 연구자의 실험을 재현하듯이 프리드리히의 실험을 그대로 재현하였다. 이 실험은 초현실주의에도 큰 영향을 끼쳐 달리Salvador Dali, 1904~1989와 마그리트Rene Magritte, 1898~1967 등도 재현하였다.

---

*시네마스코프
영화관 화면의 세로와 가로 비율이 1 : 2.35인 와이드 스크린을 뜻한다. 폭이 넓은 화면을 표준 규격인 35㎜ 필름에 가로로 압축해 담을 수 있는 특수 렌즈(애너멀픽 렌즈)를 카메라에 부착시키는 방식이다. 이렇게 촬영한 필름을 특수 렌즈가 달린 영사기로 영사하면 압축된 상(像)은 정상으로 복원되어 찌그러지는 부분이 없이 넓은 스크린에 확대 된다. 시네마스코프 방식은 프랑스의 앙리 클레티앙이 처음 고안한 것으로, 보편화 된 것은 1950년대 초 미국 영화사들이 텔레비전의 등장으로 인한 영화 산업 쇠퇴 위기를 상쇄하기 위해 도입하면서부터다.

프리드리히, 〈왼쪽 창〉, 〈오른쪽 창〉, 1805~06년경,
종이에 연필과 세피아, 31×24cm,
오스트리아 비엔나 벨베데르 미술관

내면의 무한한 깊이가 담긴 구도

프리드리히의 그림은 자연과 신에 대한
경외감, 전경과 원경으로 나뉘는 이분법
적 종교관, 그리고 등장인물의 뒷모습으
로 나타나는 3인칭성이 특징이다.

프리드리히는 그림에서 자신의 인생관
을 드러내는데, 가깝고 명확한 전경은 현
실을, 희미하고 멀리 보이는 원경은 미래
와 희망을 나타낸다. 〈월출〉에서도 그에

고흐, 〈창에서 본 성 바울 병원〉, 1889년, 캔버스에 유채,
종이에 펜과 초크, 네덜란드 암스테르담 반 고흐 미술관

프리드리히, 〈안개바다 위의 방랑자〉, 1818년, 캔버스에 유채,
94.8×74.8cm, 독일 함부르크 미술관

따라 전경에 놓인 닻은 현실의 한 계성을 나타내며, 달은 신을, 멀리 보이는 희미한 배는 인생에서 앞으로 헤쳐 나갈 여정과 희망을 나타낸다.

프리드리히는 정말로 영화 같은 작품을 제작한 적이 있다. 1830년 러시아의 황태자 알렉산드르가 네 점의 특별한 그림을 주문했다. 투명한 종이에 그림을 그리고 뒤에서 빛을 비추는 작품으로 햇빛과 달빛이 매우 효과적으로 표현되었다. 1835년에 완성되어 상트페테르부르크로 운송되었는데 안타깝게도 이후 소실되고 말았다. 어떤 작품이었을지는 같은 형식의 다른 그림인 〈밤의 영상〉이란 작품으로 미루어 짐작할 수 있을 뿐이다.

프리드리히를 독일 낭만주의의 최고 대가로 꼽는 데 주저하는 사람은 없다. 낭만주의는 18세기와 19세기에 걸쳐 전 유럽에 나타난 전방위적 예술 경향이다. 낭만주의는 엄격한 형식을 존중하는 고전주의에 대항하여 생겨났기 때문에 자유분방한 색채와 주관적이고 감정적인 주제가 특징이다. 풍경화에서도 자연의 충실한 재현보다는 상상력이 중시되었다.

낭만주의라 해도 다 같지는 않아서 프랑스 낭만주의는 현실에 밀착한 시

프리드리히, 〈밤의 영상〉, 1830~35년경, 투명지에 혼합매체, 74×124cm, 독일 라이프치히 조형예술 박물관

사적 주제를 즐겨 그렸고, 독일 낭만주의는 오히려 이념적이고 정신적인 문학과 철학의 세계를 표현하였다. 영국에서는 컨스터블^{John Constable, 1776~1837}이나 터너^{Joseph Mallord William Turner, 1775~1851} 등이 신비로운 자연의 모습을 자유로운 색채와 기법으로 나타내어 낭만주의 풍경화의 시대를 열었다.

낭만주의에 관하여는 독일의 시인이자 소설가인 노발리스^{Friedrich von Hardenberg 'Novalis', 1772~1801}의 정의가 아주 명확하다. "세속적인 것에 고결한 의미를, 일상에서 신비로운 양태를, 진부한 것에서 진기한 특징을, 유한에 무한의 성질을 부여하는 것이 낭만주의다."

프리드리히는 나이가 들수록 내면의 깊이가 더해진 그림들을 그려 '고요의 대가'라는 칭호를 얻었다. 그의 그림들에서 느껴지는 무한한 내면의 깊이는 그가 왜 낭만주의 최고의 대가로 불리는지 수긍하게 한다. _ Friedrich

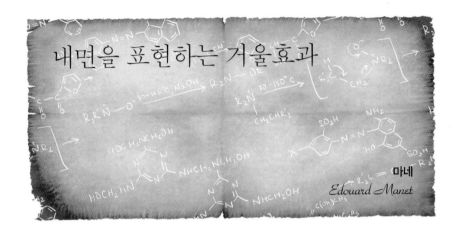

내면을 표현하는 거울효과

마네
Edouard Manet

마네Edouard Manet, 1832~1883의 마지막 걸작이 된 〈폴리베르제르의 술집〉에는 마네 예술의 특성이 잘 나타난다. 폴리베르제르 술집의 종업원이 마네의 부탁으로 마네의 화실로 와서 모델을 섰다고 한다. 뒤의 거울을 통해 드러났듯이 그녀는 어떤 남자 손님과 이야기하는 것 같은데 그의 말을 듣는 것 같지는 않다. 그녀는 분주하고 복잡한 술집 내부의 난산한 풍경과 함께 관람자에게 술집 종업원으로서의 아무 의미도 없는 고달픈 삶을 무표정으로 이야기하는 듯하다. 마네는 그러한 그녀 앞에 장미 두 송이를 헌화하여 그녀를 현대의 비너스로 격상시키고 있다. 흰 장미는 순결을, 붉은 장미는 사랑을 상징한다는 전통적인 도상학을 들먹이지 않아도 주위에 가득 널려 있는 술병들 사이에 비너스에게 헌납된 장미꽃은 묘한 비애를 느끼게 한다.

쿠르베가 만국박람회에서 심혈을 기울인 작품인 〈화가의 화실〉이 낙선하자 자비를 들여 박람회장 근처에 자신만의 개인전을 열고 그 카달로그 서문

마네, 〈폴리베르제르의 술집〉, 1881~82년경, 캔버스에 유채, 96×130cm, 영국 런던 코톨드 인스티튜트 갤러리

에 이렇게 적었다. "나는 다른 사람들의 그림을 더 이상 모방하지 않을 것이
다……생동감 있는 예술을 창조하는 것이 나의 목표다"

모더니즘은 '예술 자체의 예술'을 표방한 쿠르베의 아방가르드 정신 선언
으로 시작되었다고 볼 수 있다. 그러나 그런 선언이 성문화되기 이전에 이

미 들라크루아 Eugene Delacroix, 1798~1863에 의하여 모더니즘 화풍은 시작 되었다. 화가들의 이러한 모더니즘에의 인식은 문학에서 오스카 와일드의 「예술을 위한 예술론」보다 오히려 빨랐다. 마네도 이렇게 이야기 하였다. "나는 내가 본 것을 그리며 다른 사람이 보기에 좋은 것을 그리지 않는다. 나는 거기 있는 것을 그릴뿐이며, 있지도 않은 것을 그리지는 않는다." 마네는 본 것을 그렸다. 그러나 그는 눈으로만 대상을 보지 않았다. 마음의 눈으로 대상의 깊은 내면을 보았다.

내면을 표현하는 거울효과

주제 그림인 〈폴리베르제르의 술집〉에 차용된 거울 효과에 대해서도 많은 논란이 있었다. 그림 오른쪽 술집 여종업원의 뒷모습과 신사의 모습이 거울에 비친 모습일진데, 그녀의 정면과, 그녀의 뒷모습과, 그녀 앞에 앉은 것으로 예상되는 남자가 다 일직선상에 있게 되어 모두 가려지게 될 것이란 이야기다.

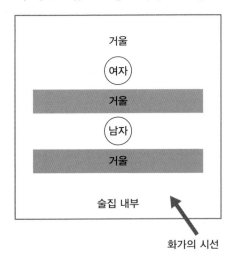

대상 요소들의 배치와 화가의 시선

그러나 필자는 불가능한 공간 설정이라고는 생각하지 않는다. 그녀의 뒤에 있는 거울이 술집 벽에 부착된 대형 거울이어서 술집 내부가 배경화면처럼 연출되었고, 그녀의 앞에 앉아 있는 신사와 마주보는 광경을 화가는 약간 빗겨 오른쪽에서 그렸을 것이라고 생각한다('대상 요소들의 배치와 화가의 시선' 그림 참조). 단지 여자가 거울 면에 평행으로 서있지 않고 화가를 정면으로 바라보고 있다는 점만 고려하면 된다. 그래도 여자 앞에 놓인 탁자가 사선이 되어야 하는 문제가 남긴 한다. 미술은 과학이 아니니까, 이 정도에서 화가의 재량이 들어갔다고 생각하자.

과학으로는 볼 수 없는 내면을 표현

마네는 특히 내면을 표현하는데 탁월했다. 마네가 내면을 표현하는 힘을 잘 나타내 주는 또 하나의 걸작을 감상해 보자. 이 그림의 제목이기도 한 그림의 모델 베르테 모리소^{Berthe Morisot, 1841~1895}도 화가이다. 언니 에드마^{Edma}와 함께 1861년부터 유명한 풍경화가인 장 밥티스트 카미유 코로에게 6년간이나 사사 받았다. 모리소는 1868년 팡탱 라투르^{Fantin-Latour}의 소개로 마네를 만나 이후로 예술혼을 서로 주고받았으며, 그의 모델을 자주 서 주었다. 마네는 그녀를 모델로 〈발코니〉, 〈휴식〉, 〈베르테 모리소〉 등의 걸작들을 탄생시켰다. 1874년 마네 동생 외젠^{Eugene Manet}과 결혼하여 마네의 집안사람이 되었다. 1892년 남편이 죽고 난 후 자신도 병들어 1895년 3월 2일 파리에서 삶을 마감하였다.

자의식과 자존감이 남달랐던 화가 베르테는 모델을 설 때도 자신 만의 개성을 강하게 표현하였으며 화가의 주문에 따라 수동적인 포즈를 취하지 않았다. 마네도 그녀의 이러한 포즈를 그대로 받아들였으며 매우 만족해했다. 〈베르테 모리소〉를 통해서 우리는 마네가 표현한 베르테 자신의 삶에 대한

마네, 〈베르테 모리소〉,
1872년, 캔버스에 유채,
55×38cm, 개인 소장

만족감과 자신감을 볼 수 있다.

배경과 모자와 옷은 최대한 단순하게 붓질만 남겼으며 명암이 확연히 양
분되게 그린 얼굴의 윤곽이 그녀의 미모와 어울린 그녀만의 개성을 잘 나타
낸다. 확실히 이전의 인물화(초상화)들과는 다르다. 붓질이 거칠고 과감한 생
략이 있지만 오히려 모델의 인격은 더욱 가깝게 느껴진다. 다른 화가들의

그림에서 볼 수 있는 더욱 정교하고 사실적인 인물들은 그냥 화면 속의 인물이며 관람하고 있는 나와는 아무런 상관이 없는 듯 거리감이 있다. 그러나 마네의 이 그림을 보면 그녀가 옆집에서 만났던 이웃 같기도 하고 그녀의 사생활도 조금은 알 것 같기도 하다. 모델인 베르테의 모습을 사진이나 그림으로 보는 것 같지 않고 그녀의 정신을 만나는 것 같은데, 이것이 모델의 내면을 그리는 마네의 힘이다.

마네, 〈휴식〉, 1870년, 캔버스에 유채, 148×111cm, 미국 로드아일랜드 미술관

배경과 외곽선의 독특한 해석

마네는 스페인의 대가들 중 벨라스케스Diego Rodriguez de Silvá Velazquez, 1599~1660와 고야Francisco Jose de Goya, 1748~1828를 대단히 존경하였다. 특히 벨라스케스를 화가 중의 화가라고 생각하며 그의 그림을 수없이 모사하며 연구하였다. 그의 초기 인물화 중 가장 걸작에 속하는 〈피리 부는 소년〉은 벨라스케스의 영향이 많이 나타난 그림이다. 벨라스케스의 〈메니프〉나 〈바야돌리드의 파블리오스〉에서 배경을 약화시키거나 거의 없애면 중심인물이 부각된다는 점을 배웠다. 그 당시 파리 화단의 유행이었던 일본화의 영향도 보이는데 단순

마네, 〈피리 부는 소년〉, 1867년, 캔버스에 유채, 160×98cm, 프랑스 파리 오르세 미술관(왼쪽)
벨라스케스, 〈바야돌리드의 파블리오스〉, 1636~37년경, 캔버스에 유채, 213×125cm, 스페인 마드리드 프라도 미술관

한 색채와 강렬한 외곽선으로 인물을 더욱 돋보이게 하였다. 소년 바지의
외곽선은 동양의 서예와 같은 일획의 선으로 강한 효과를 성공시키고 있
다. 앞선 대가들의 화풍을 자기 것으로 습득한 마네의 열린 마음과 충분히
훈련된 기교에 시대를 앞선 정신이 더하여져 탄생한 걸작이다.

마네의 작품 속 인물들은 모두 각자의 개성을 강하게 나타내며 한 화면 안에 여럿이 등장하더라도 서로간의 관계성은 나타나지 않는다. 그런 관계성은 오히려 마네가 진정 원했던 모델 각자의 내면을 표현하는데 도움이 되지 않았던 것이다. 대체로 마네의 모델들은 화면 속에서 무표정하며 정지된 자세를 하고 있다. 그러나 그 안에서 내면의 전달은 더욱 효과적으로 성취된다. 마네의 〈풀밭에서의 점심〉도 네 사람의 인물들이 서로 아무런 관계가 없어 보인다. 각자 자기의 표정과 자세를 취하고 있으며 오른쪽 남자만이 다른 인물들에게 말하는 것 같은데 나머지 사람들은 전혀 그의 말을 듣는 것 같지 않다. 그 둘은 관객을 빤히 쳐다보며 무표정 속에서 서로의 내면을 보이고 있다. 그런 점은 〈피리 부는 소년〉도 마찬가지다. 피리를 부는 것 같지 않다. 단지 피리를 입에 대고 관객을 쳐다보는데 오히려 그 소년의 순수한 마음과 성스러움이 돋보이게 표현되었다. 이 소년 모델은 마네의 아들인 레옹이다. _ Manet

거울의 과학

'나르시스'(narcissus)라는 목동이 양떼를 몰고 거닐다 호숫가에서 물속에 비친 자신의 모습을 보게 되었다. 세상에서 처음 보는 아름다운 얼굴이었다. 물속에 손을 집어넣으면 파문에 그 모습이 흔들리다가 잔잔해지면 또 다시 나타나곤 했다. 나르시스는 물에 비친 모습이 자신이라고는 생각지 못했다. 그는 물속 자신의 모습에 치명적일만큼 깊은 사랑에 빠져 결국 물속으로 뛰어 들어 익사하고 말았다.

인류 최초의 거울은 그리스 신화 속 나르시스 이야기처럼 스스로의 모습을 비춰보던 잔잔한 연못이었다. BC6000년 전에는 흑요석 같은 암석을 갈아서 윤을 내 거울로 사용했고, BC4000년 전 메소포타미아와 고대 이집트에서는 구리를 갈아서 거울로 썼다는 기록이 전해진다. 이후 16세기경 이탈리아 베네치아인들이 납작한 유리판에 반사 성질을 띠는 주석과 수은의 합금을 얇은 층으로 입혀 굽는 기술로 반사의 선명도를 높이며 거울의 사용을 유럽 전역으로 넓히는 계기를 마련했다.

카라바조, 〈나르시스〉, 1595년경, 캔버스에 유채,
110×92cm, 이탈리아 로마 바르베리니 궁

현재 사용되는 은도금 유리 거울
은 1835년경 독일의 화학자 리비
히Justus Freiherr von Liebig, 1803~1873가 개
발한 것이다. 유리 표면을 금속성
재질인 은으로 코팅하는 화학 공정
을 거울 제작에 도입한 것이다.

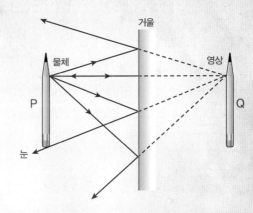

거울의 재질이 되는 유리 표면은
빛을 반사하여 사람의 눈에 들어가게 한다. 빛의 반사는 진행하던 빛이 벽에 부
딪힌 공이 튕겨 나오듯 매질의 경계면에서 튕켜 나오는 현상이다. 이러한 빛의
반사로 인해 사람들은 거울에서 자기 모습을 볼 수 있게 된다.

조금 더 구체적으로 설명하면, 위의 그림처럼 연필의 한 점 P에서 사방으로
나온 빛의 일부가 거울에 입사하면 그 표면에서 반사하여 우리 눈으로 들어온
다. 눈으로 들어온 연필의 반사 광선을 연장하면 거울 속 Q에서 만나게 된다. 그
런데 사람의 뇌는 빛이 직진한다고 생각하기 때문에 거울 속 Q에서 나온 빛이
눈에 들어왔다고 느끼는 것이다. 결국 거울 속에도 같은 모양의 연필이 있다고
착각하는 것이다. 물론 거울 속 연필은 물속에 비춰진 나르시스처럼 실재하지
않는 허상이다.

이러한 은도금 거울은 간단한 화학 실험을 통해 누구나 쉽게 만들 수 있다. 질
산은 수용액에 암모니아 수용액을 조금 넣으면 옅은 갈색 앙금이 생기다가 서
서히 은암모니아 착화합물을 만들면서 맑아진다. 여기에 포름알데히드나 포도
당을 넣으면 은이 석출되어 유리 표면에 도금된다. 이때 은이 벗겨지지 않도록
도료를 칠하면 거울이 완성된다.

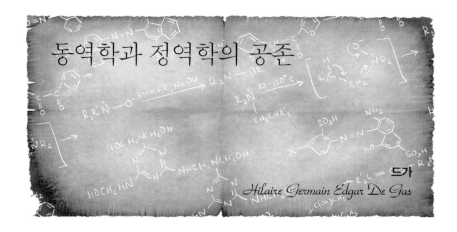

동역학과 정역학의 공존

드가
Hilaire Germain Edgar De Gas

정역학은 물체 내부의 변화를 다루는 학문이고, 동역학은 물체의 거시적 이동을 다루는 학문이다. 역학은 외부의 힘을 받은 물체가 내부적 스트레스(stress), 외부적 스트레인(strain)으로 반응하는 것을 말한다. 드가Hilaire Germain Edgar De Gas, 1834~1917가 그린 많은 발레 그림은 겉으로는 동적인 운동을 보여준다. 그러나 드가 그림의 특색은 내적이고 정적인 긴장을 함께 표현하는 것이다. 스트레인을 억제하면 스트레스가 증가한다. 드가 그림의 매력은 바로 이 대립에서 오는 긴장감에 있다.

클래식과 모던의 조화를 꿈꾼 화가

드가는 1834년 프랑스 파리의 은행가 집안에서 태어났다. 유복하게 자라나 다른 화가들처럼 경제적 어려움을 겪지 않고 미술에 전념할 수 있었다. 아버

드가, 〈오페라 극장의 무용교실〉, 1878년, 캔버스에 유채, 81×76cm, 미국 필라델피아 미술관

지를 이어 사업가가 되기 위해 명문 루이르그랑 학교에 들어갔으며, 드로잉에서 발군의 실력을 나타내며 졸업했다. 1853년 법과대학에 입학하였으나 그만두고, 1855년 에콜 데 보자르에 입학하여 미술가의 길로 들어섰다.

미술 애호가이면서 열린 지식인이었던 아버지는 아들의 결정을 존중하여 적극적으로 후원해 주었다. 드가는 미술학교에서 앵그르를 만났고 그의 조언대로 드로잉에 많은 노력을 기울여 루브르 박물관에서 르네상스와 고전주의에 이르는 작품을 700점 이상 모사하는 훈련을 했다.

드가는 카페 게르부아에서 마네와 친해졌고 마네를 중심으로 모이던 인상파 화가들과도 친해졌다. 과거와는 다른 현대성이 필요하다는 그들의 생각에 동조하여 마네가 주도하는 인상파전에 창립회원으로 참여하였고 이후 7회 한 번만 빼고는 계속 참가하였다.

그러나 드가의 화풍을 인상파라고 할 수는 없다. 그의 화풍을 정교한 드로잉과 고전적 구성에 바탕을 두었기에 순간의 빛을 포착하는 데 전념한 인상파에 동화될 수 없었다. 그는 카페 게르부아에서 열띤 토론을 벌이며 고전성과 현대성을 조화시키려는 희망을 끝까지 버리지 않았다.

대립의 긴장감을 통한 조화

〈오페라 극장의 무용교실〉을 보면 마치 한 장의 사진을 보는 느낌이 든다. 이 그림에는 등장인물이 모두 일곱 명인데, 연습 중인 세 명의 발레리나와 휴식 중인 두 명의 발레리나, 한 명의 귀부인(아마도 어느 발레리나의 엄마일 것이다), 그리고 화면 속 유일한 청일점인 발레 교사 쥘 페로이다.

19세기 일본 목판화 우키요에

    드가는 열세 살 때 어머니를 여의었다. 이후로 그의 인생에 여자는 등장하지 않는다. 아마도 너무 어리고 예민한 시기에 곁을 떠난 어머니로 인해 여성으로부터의 박탈감이 여성혐오증으로 발전한 것 같다. 그런데도 그는 귀부인, 무희, 가수, 배우 등 많은 여인을 그렸다. 그가 그린 어린 발레리나나 배우의 자태에는 아이러니하게도 성적인 모티브가 담겨 있다. 하늘거리고 투명한 무용복 때문에 소녀들의 육체가 더욱 인상 깊다.

    발레는 고전과 현대를 조화시키려는 그에게 아주 적절한 주제였다. 그리스인들이 인체로부터 추구하였던 조화와 통일의 미학이 현대의 발레리나에게서 잘 나타난다. 당시 발레 그림은 장식적인 효과가 있어서 상당히 잘 팔렸다.

당시 일본 목판화 우키요에는 인물을 대담하게 클로즈업시키고 중요 오브제(objet)를 과감하게 자르는 화면 구성과, 단순하고 선명한 색상 등으로 프랑스 화단에 충격을 주었다. 우키요에의 판화는 고전적 미술 교육을 철저히 받은 드가의 미술에 큰 영향을 끼쳤다. 〈오페라 극장의 무용교실〉에서도 오른쪽 소녀의 몸이 예기치 않은 화면 절단으로 반이나 잘려 나가고, 배경은 동양의 병풍처럼 몇 개의 수직과 수평선으로 구획되었다.

드가의 예술을 한마디로 표현한다면 '대립의 긴장'이라고 할 수 있다. 즉 대립되는 두 오브제 사이의 불안한 균형에서 오는 긴장감을 드러낸다. '바쁜 동작을 하고 있는 연습생들 vs 휴식하는 사람들', '발레와 관련 있는 사람들 vs 발레에 관심 없이 신문을 읽고 있는 부인', '여자 vs 남자', '하얀색 vs 검은색' 등 몇 개의 대립이 존재한다. 그리고 그 대립의 긴장감을 극대화하기 위해 화면의 가장 가운데에 갑자기 텅 빈 공간을 설정한다. 이렇게 그의 그림에서는 주제와 거리를 둔 소외된 존재가 종종 나타난다.

드가는 르네상스 화가들이 자주 쓰는 기법인 거울도 사용했다. 화면에는 나타나 있지 않지만 큰 홀의 나머지 부분에 서 있는 참관인 중의 몇은 발레에 관심 없이 창밖을 바라보고 있을 것이다. 드가는 그들이 보고 있는 창밖의 파리 풍경을 뒷부분의 거울에 그려 넣었다.

〈오페라 극장의 무용교실〉은 우연히 포착된 한 순간처럼 보이지만 사실은 구성이 면밀하게 계산되었다. 순간적인 발레 동작의 동적 불안정은 검은 색

드가, 〈발레 수업〉, 1871년, 패널에 유채, 19×27cm, 미국 뉴욕 메트로폴리탄 미술관

채의 무게까지 더한 귀부인의 정적인 안정과 대립된다.

드가의 또 다른 발레 그림 〈발레 수업〉을 보면 왼쪽에는 사람들이 너무 치우쳐 있고 검은색의 무거운 피아노까지 있지만 오른쪽에는 불안한 공간이 있다. 그리고 연습에 열중하는 소녀들이 있고 등을 긁는 소녀가 있다. 이렇게 조화롭지 못한 구도는 찰나의 순간을 포착했다는 느낌을 강하게 준다. 그러나 이것도 사실은 아주 면밀하고 의도적인 계산 위에 이루어 놓은 긴장된 대립이다.

드가, 〈관중석 앞의 경주마들〉, 1866~68년경, 캔버스에 유채, 46×61cm, 프랑스 파리 오르세 미술관

미술의 정물성에 대한 도전

드가는 운동감을 연구하는 데 관심이 많았다. 그는 발레와 함께 당시 붐을 일으킨 경마에도 관심이 많아 경마장, 경주마, 기수 들의 그림도 많이 그렸다. 경주마를 그린 그림인 〈관중석 앞의 경주마들〉을 보면 모두 출발선에 정렬해 있는데 맨 끝의 말은 제어불능 상태로 날뛰고 있다. 관람자의 시선은 가운데 서 있는 심판의 말에서 시작하여 시계 반대방향으로 돌아 날뛰는 말까지 가서 왼쪽에 모여 있는 관중을 살피다가 다시 말들을 따라 순환한다. 이것은 그가 의도적으로 만들어 놓은 운동성이다. 발레리나건 경주마건 모

제리코, 〈엡섬에서의 경마〉, 1821년,
캔버스에 유채, 91×122cm,
프랑스 파리 루브르 박물관

머이브릿지, 1878년 12월 14일자
플라스 신문 「라 나튀르」에 게재된
〈달리는 말〉

두 그에겐 동작을 연구하기 위한 도구였다.

당시 영국의 사진가 머이브릿지Eadweard J. Muybridge, 1830~1904는 순간의 연속동작
을 사진을 통해 가시화하는 데 성공하였다. 그는 열두 대의 사진기를 말의
주행로에 설치하고, 말이 각 사진기 앞을 지나며 끊는 선에 사진기의 셔터를

드가, 〈자화상〉, 1863년, 캔버스에 유채, 26×19cm,
포르투갈 리스본 미술관

연결하여 25분의 1초 속도로 열리고 닫히도록 장치했다. 그 결과 말의 순간동작이 차례로 기록되었다.

이 작업 결과가 1878년 12월 14일자 프랑스 신문 「라 나튀르」에 게재되었고, 이전에 그려진 말의 움직임이 틀렸다는 것이 드러났다. 제리코Jean Louis Ardré Théodre Géricault, 1791~1824의 〈엡섬에서의 경마〉에서 두 앞발과 뒷발을 동시에 쭉 펴고 달리는 그림은 멋지게 보이지만 틀린 묘사라는 사실이 밝혀진 것이다.

시인 보들레르Charles Baudelaire, 1821~1867는 풍요로웠던 19세기 중반 파리 한량들의 생활 태도를 일컬어 '플라뇌르'(Flaneur)라고 했다. 플라뇌르란 한가롭게 거니는 사람을 말하는데, 드가야말로 플라뇌르의 전형이라 할 만하다. 드가는 자신을 파리의 클럽이나 카페를 드나들며 문화적 토론을 즐기는 도시적 플라뇌르라고 생각했다. 스물아홉 살에 그린 자화상을 보면 잘 차려 입고 당당하고 거만한 풍모를 한 그의 플라뇌르적 자신감을 엿볼 수 있다.

드가는 카페나 거리에서 볼 수 있는 모든 것에 관심을 가지고 관찰하고 생각하고 기억했다. 그리고 그것들을 화실에 돌아와서 화폭에 그렸다. 이제까지와는 매우 다르게 가까이 눈을 대고 본 장면이나 올려다 본 시선으로 파악한 화면을 창조했다.

드가는 전통적인 미술 교육 위에 인상주의, 일본 우키요에 판화, 사진술에서 받은 신개념을 왕성한 탐구심으로 받아들여 독특한 그만의 예술 세계를 창조하였다. 유화뿐 아니라 파스텔·수채화·목탄 등 재료를 다양하게 사용하였고 혼용 기법도 자유롭게 구사하였다.

말년에는 조각까지 손대어 몇 개의 뛰어난 조각도 남겼다. 특히 청동으로 만든 조각에 천으로 진짜 무용복까지 입힌 청동 조각상은 그다운 걸작이라 할 수 있다.

드가는 자연보다 인공을, 순간보다 본질을, 그리고 무엇보다도 드로잉을 사랑한 화가였다. 그는 자신의 묘비에 "드가는 드로잉을 진정 사랑했다"라고 새겨 달라고 부탁하고 1917년 9월 27일 세상을 떠났다. _De Gas

드가, 〈소녀 무용수〉, 1879~81년경, 청동에 직물 스커트와 비단 댕기, 미국 뉴욕 메트로폴리탄 미술관

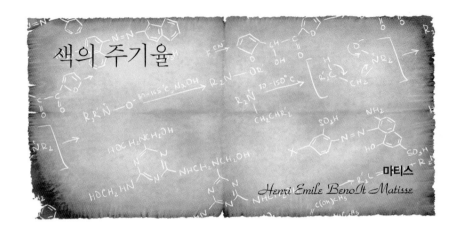

색의 주기율

마티스
Henri Emile Benoit Matisse

색채 표시법에는 RGB 체계와 CMY 체계가 있다. 컴퓨터로 색채 작업을 할 때면 둘 중 어느 하나로 지정해 주어야 한다. RGB는 모니터상에서 작업할 때의 빛에 의한 가산혼합의 색채이고, CMY는 잉크나 물감을 사용할 때의 감산혼합 색채로 시안(Cyan:인쇄 잉크로서 원색인 파랑보다 약간 밝은 파랑), 마젠타(Magenta:인쇄 잉크로서 원색인 빨강에서 약간 분홍 계열을 띠는 색), 옐로 (Yellow)를 말한다.

이론적으로는 물감을 섞을 때 이 세 가지 색으로 모든 색을 만들 수 있다. CMY를 다 섞으면 검정이 되는데, 이런 혼색을 감산혼합이라고 한다. 물감의 색소가 다른 색은 흡수하고 특정한 색만 반사하므로 두 색을 섞으면 양쪽의 색소가 각기 특정의 흡수대가 있어서 색을 나타내는 광자를 감소시키기 때문에 감산혼합이라고 한다.

빛의 혼합을 이루는 3원색은 빨강(Red), 녹색(Green), 파랑(Blue), 즉 RGB

다. 이 세 빛을 다 섞으면 흰빛이 된다. 빛이 합해지면 광자가 더 증가하므로 가산혼합이라고 한다.

　인상파 화가들은 색을 섞을 때 감산혼합이 되어 색이 더 어두워지는 것을 피하기 위해 병치혼합을 사용하였다. 즉 순색을 팔레트 위에서 섞지 않고 캔버스 위에 병치시켜 우리 눈의 망막에 동시에 닿게 하여 빛의 혼합이 된 색을 느끼게 하는 것이다.

단색은 색이 아니다

마티스Henri Émile Benoît Matisse, 1869~1954의 작품 〈춤〉은 빨강, 녹색, 파랑, 단지 세 가지 색뿐이다. 이 세 가지 색은 빛의 3원색이다. 물감으로 그렸지만 빛의 3원색이 만들어 내는 현란함이 우리 눈을 자극한다. 또한 빨강과 녹색은 보색이다. 보색 관계에 있는 두 색을 섞으면 흰색이 된다. 한 가지 색만 바라보다가 하얀 종이로 눈을 돌리면 그곳에 보색의 잔상이 생긴다.

　한 가지 색만 칠하면 주위에 보색 효과가 나타난다. 보색에 둘러싸인 색은 더욱 강렬한 느낌을 준다. 마티스는 분명히 물감을 사용하여 그림을 그리고 채색하였지만 빛의 3원색, 즉 RGB 3색을 사용하였다. 마티스의 작품에는 이처럼 RGB를 사용한 그림이 많다.

　〈춤〉은 마티스의 그림을 꾸준히 사들이던 러시아 부호 세르게이 시츄킨Sergei Ivanovich Shchukin, 1854~1936의 의뢰로 탄생한 걸작이다. 마티스 예술의 진수인 단순성과 강렬함이 극대화한 그의 대표작이다. 푸른 하늘과 녹색 언덕이 극도로 단순화되었고, 다섯 명의 무희는 강렬한 붉은색으로 도드라져 있으며,

마티스, 〈춤〉, 1909~10년경, 캔버스에 유채, 259.7×390.1cm, 러시아 상트페테르부르크 헤리티지 미술관

서로 손을 맞잡고 돌아가는 무한의 생명력을 만들어 냈다. 마티스는 색채 효과를 극대화하기 위해 화면을 평면화하였다. 그는 단색의 색채는 의미가 없으며 색과 색이 만나면서 색들 간의 관계에 의해 진실된 색이 나타난다고 믿었다.

시츄킨은 〈춤〉을 모스크바에 있는 자신의 대저택 계단에 걸어 놓았다. 그는 이 그림이 너무 마음에 들어서 마티스에게 이 그림과 짝이 될 만한, 음악을 주제로 한 그림을 또 의뢰했다. 마티스는 번잡하게 손님을 맞이하는 현관에서 층계로 헐떡거리며 올라갈 때와는 달리 2층에 올라서서는 편안하게 쉴 수 있는 분위기의 그림을 그려야겠다고 생각했다. 그래서 〈춤〉과 같은 색, 같은 형태의 구성이지만 조용하고 차분한 〈음악〉을 그리게 된

마티스, 〈음악〉, 1910년, 캔버스에 유채, 260×389cm, 러시아 상트페테르부르크 헤리티지 미술관

것이다. 바이올린과 피리의 선율이 색채와 함께 쾌활한 진동을 만들어 풍부
한 감동을 주는 또 하나의 걸작이 탄생하여 불후의 2부작이 완성되었다.

강렬함에서 원숙한 절제의 조화미로

마티스는 프랑스 북부에 위치한 르카토캉브레지라는 지역의 중류층 상인
가정에서 태어났다. 그는 당시 대부분의 중류층 젊은이처럼 아버지의 권유

에 따라 법률을 공부하여 변호사 자격증을 취득하고 고향에 돌아와 법률사무소의 서기가 되었다.

마티스는 맹장염으로 입원해 있던 중 옆 환자가 취미로 미술교본의 풍경화를 모사하는 것을 보고 흥미를 느껴 어머니가 가져다 준 물감으로 그림을 그렸다. 수술 후 법률사무소에 복직해서도 계속 그림을 그렸다. 매일 아침 섬유 디자인 학교에서 데생을 배운 뒤 출근하였고, 점심시간에도 틈틈이 그림을 그렸으며, 퇴근 후에는 밤늦게까지 그림을 그리는 생활을 계속했다.

마티스는 결국 안정된 직업과 아버지의 반대를 뒤로 하고 미술을 공부하러 파리로 떠났다. 1892년 프랑스 최고의 미술 명문 에콜 데 보자르에 응시했으나 낙방하고 에콜 데 자르 데코라티프의 야간부를 다녔다. 여기서 평생의 친구인 화가 알베르 마르케Albert Marquet, 1875~1947를 만났다. 이후 재도전 끝에 에콜 데 보자르에 입학했지만, 전통 기법만을 가르치는 분위기에 실망하던 중 상징주의 대가인 모로Gustave Moreau, 1826~1898의 화실에서 그림을 배울 수 있게 되었다. 모로는 대상을 화폭에 옮겨 담는 데 급급하지 말고 대상의 내면과 동화될 때까지 기다리라고 가르쳤다. 이때부터 마티스에게서 색채화가로서의 천재성이 나타나기 시작했다.

1897년 마티스는 소시에테 나시오날 전람회에서 상을 받고 자신감이 생겼으며, 여러 모임에도 나갔다. 그러던 중 당시 신인상파에 큰 영향력을 행사하던 피사로Camille Pissaro, 1830~1903를 만났고 그를 통해 세잔도 알게 되었다. 마티스는 훗날 자신에게 가장 큰 영향을 준 화가가 누구냐고 묻자 주저 없이 세잔이라고 답했다. 시냐크Paul Signac, 1863~1935와 교류하면서 신인상파 점묘풍에도 영향을 받았으며, 고흐와 고갱Paul Gauguin, 1848~1903에게서는 격렬함을, 세잔에

게서는 색채 대비와 조화를 본받았다.

그러나 마티스는 그들과 완전히 다른 그만의 예술을 창조하였다. 그는 끊임없이 탐구하는 사람이었다. 그의 화풍은 언제나 큰 폭으로 변하고 성숙해졌다. 그는 일관된 단순함과 강렬함으로 자신의 감정을 표현하였다. 이러한 그의 색에 대한 열정은 20세기 회화의 일대 혁명이라 평가받는, 원색의 대담한 병렬을 강조하는 야수파의 탄생으로 이어지게 되었다.

마티스, 〈푸른 누드〉, 1952년, 색종이에 가슈, 116.2×88.9cm, 프랑스 니스 마티스 미술관

차츰 마티스는 강렬하고 개성 있는 색채 효과의 표출을 절제하기 시작하였고 화면은 조화와 평온을 추구하며 성숙해졌다. 1910년 뮌헨에서 열린 이슬람미술전과 그 이듬해부터 두 차례에 걸친 모로코 여행의 영향으로 통일된 색채의 장식적인 요소, 특히 아라베스크나 꽃무늬를 배경으로 한 평면적인 구성의 독특한 작품을 창조하였다.

마티스는 순도 높은 색면들이 서로 인접하면서 독특한 색감을 창조하는 그만의 예술을 확립함으로써 피카소^{Pablo Picasso, 1881~1973}와 함께 현대미술의 중요한 이정표가 되었다. 말년에 몸이 불편해지면서는 색종이를 오려 붙이는 독특한 화풍(〈푸른 누드〉)을 창조하며 새로운 회화의 지평을 열었다. _Matisse

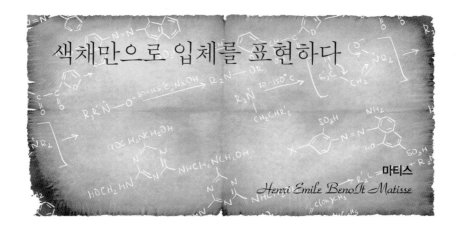

색채만으로 입체를 표현하다

색채는 형태도 무게도 없다. 그러나 마티스는 〈마담 마티스〉라는 작품에서
색채만으로 형태와 입체감, 그림자, 원근, 심지어 모델의 내면을 표현하는
데 성공하였다. 색채를 이렇게 현란하게 다룬 화가가 또 있었던가? 이 그림
을 '녹색 선'이라고도 부르는데, 인물의 이마에서 코로 내려오는 얼굴 가운
데에 녹색 선이 있기 때문이다. 녹색 선을 중심으로 얼굴과 화면을 둘로 구
분하고 보색 관계에 있는 색들, 즉 빨강과 녹색, 노랑과 보라를 대비시켜 얼
굴의 입체감과 모델 내면의 긴장감을 표현하였다.

색채만으로 생명력을 표현하다

1895년 3월 마티스는 모로의 화실에 들어갔다. 스승 모로는 단순한 손재주
보다는 훈련된 눈과 지적인 통찰력을 강조하였다. 화가와 모델-인물이든 자

마티스, 〈마담 마티스(녹색 선)〉, 1905년, 캔버스에 유채, 40.5×32.5cm, 덴마크 코펜하겐 국립 미술관

마티스, 〈호사, 평온, 쾌락〉, 1905년, 캔버스에 유채, 98×118cm, 프랑스 파리 퐁피두센터 국립 현대 미술관

연이든-과의 교감이 이루어진 후에 그림을 그릴 것을 가르쳤고, 대가들의
작품에 몰입하여 모사를 많이 해볼 것을 주문하였다.

마티스는 이런 훈련 뒤에 비로소 자기의 주관적인 작품을 그려낼 수 있
었다. 그는 당시에 이미 모로 화실의 다른 모든 견습생과 차별되었고, 루오
Georges Rouault, 1871~1958 와 쌍벽을 이루는 수제자로서 자질을 인정받았으며, 학생
들 사이에서 지도자 역할을 했다.

마티스는 자신보다 쉰 살이나 연상인 인상파의 거두 피사로를 만나 인상
깊은 조언을 몇 차례 들었고, 시냐크를 비롯한 신인상파 화가들과도 교류하

마티스, 〈삶의 기쁨〉, 1906년, 캔버스에 유채, 175×241cm, 미국 펜실베이니아 메리온 링컨 대학 반스 재단

였다.

마티스가 남프랑스를 여행하면서 빛의 표현에 대해 나름대로의 화풍을 확립했을 때의 작품인 〈호사, 평온, 쾌락〉을 감상해 보자. 신인상파의 이론을 바탕으로 자신의 화풍을 창조하며 그만의 보색 효과를 중심으로 하는 대비 효과의 구사가 매우 뛰어난 색채의 향연을 볼 수 있다. 시냐크는 이 작품을 아주 높이 평가하여 1905년 앵데팡당전의 수상작으로 선정하였다.

마티스는 자신의 깊은 곳에서 솟구치는 본능을 억제하고 이론에 따라 색채를 설정하는 것이 참기 어려웠다. 그는 남프랑스를 여행하고 돌아온 1900

년을 전후하여 파리에서 유행하는 화풍과 자신의 길이 다름을 느끼고 이제까지의 모든 영향에서 벗어나 자신만의 길을 가기로 결심하였다.

마티스가 평생을 바쳐 추구한 가치는 생명력을 색채로 표현하는 것이었다. 그는 지중해에 있는 콜리우르라는 작은 해변 마을에서 햇빛 가득한 여름을 지낸 뒤 색채를 발산하는 자연의 아름다움과 느낌을 〈삶의 기쁨〉이라는 그림에 담아냈다. 이 그림은 마티스적인 모든 것을 쏟아 부은 걸작이다. 눈으로 관찰한 사실뿐만 아니라 화가가 상상하는 모든 것을 색채의 리듬으로 표현한 이 작품을 기점으로 그의 야수파적인 화풍이 꽃 피게 되었다.

색으로 보여줄 수 있는 최고의 경지

마티스는 1905년 〈모자를 쓴 여인〉과 〈창〉을 살롱 도톤느(Salon d'Automne)에 출품하였다. 이 전시회에는 드랭Andrè Derain, 1880~1954과 루오 등의 화가들이 작품을 출품했는데, 이들 작품들은 '색채의 구데타'라고 할 수 있을 만큼 도발적이고 다양한 초기의 야수파적 경향을 보였다. 충격적인 이들의 색채를 보고 예술비평가 루이 보셀Louis Vauxcelles이 야수 같다고 한 데서 야수파란 용어가 탄생했다.

그들의 그림은 평면적이고, 그림자가 없으며, 어느 곳도 물체의 색을 그대로 그리지 않았다. 갖은 원색을 사용하여 색채의 병치와 병렬로 그림의 모든 요소를 나타냈고, 심지어 화가의 감정까지 여과하지 않았다. 당시 관람객들은 충격을 받았고 비난하였으며 불쾌하게 여기기까지 하였다.

색채들이 다소 마구 널려 있는 〈모자를 쓴 여인〉과 달리 〈마담 마티스〉는 전체적으로 안정되었다. 마티스는 강렬하고 화려한 색채를 교묘한 균형으로 조화시킨 이 그림에서 단지 감각적인 색채를 터트린 것만이 아니라 색채를 능란하게 다루어 색채의 주인으로서 색채로 나타낼 수 있는 가장 높은 경지를 보여주었다.

야수파는 조직적이고 준비된 사조가 아니었다. 단지 억압되었던 색채의 자유분방한 표출이라는 공통점밖에 없었던 야수파 화가들은 각자의 성향대로 곧 자기들만의 길로 흩어졌다. 야수파는 20세기에

마티스, 〈모자를 쓴 여인〉, 1905년, 캔버스에 유채, 79.4×59.7cm, 미국 샌프란시스코 현대 미술관

다양하게 나타난 현대미술 신사조들의 태동을 열었다.

마티스는 야수파를 대표하는 화가가 되었다. 그는 야수주의가 쇠퇴한 이후에도 계속해서 야수파의 화법을 유지·발전시키면서 그만의 예술 세계를 완성해 나갔다. 그의 이러한 현대적인 화풍과 예술 이론은 본격적인 모더니즘 미술이 꽃피는 데 크게 기여하였다._Matisse

Chapter 4

스펙트럼
분광학으로 태동한
인상주의

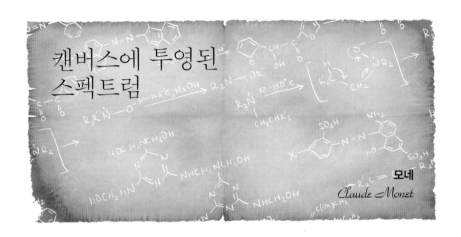

캔버스에 투영된 스펙트럼

모네
Claude Monet

"빛이 있으라 하시니 빛이 있었고"-『성경』「창세기」1장 3절

빛은 신의 첫 창조물이다. 사람들은 중세의 암흑시대를 지나오며 신이 주신 빛을 가린 어두운 그림에 익숙해져 있었다. 모네Claude Monet, 1840~1926는 〈인상(해돋이)〉에서 빛을 재발견했다. 얼마나 찬란한가! 빛이 뛰노는 환희를 보는 것 같다. 이른 아침 안개 속에 떠오르는 태양이 바다를 물들이는 장면은 화가의 눈에 매우 강렬한 인상을 주었다. 짧은 순간만 나타나는 이런 장면을 재빨리 잡아 그리기 위해 거칠고 짧은 붓질을 구사했는데, 이 기법은 인상주의의 전형적인 기법이 되었다.

찰나적 순간에서 대상의 본질을 꿰뚫다

인상주의는 그림을 잘 모르는 사람조차도 한 번은 들어봤을 정도인데, 그 이

모네, 〈인상(해돋이)〉, 1873년, 캔버스에 유채, 48×63cm, 프랑스 파리 마르몽탕 미술관

름은 바로 이 그림에서 유래하였다. 그림 제목이 바로 〈인상(해돋이)〉이기 때문이다. 국전에 낙선한 일단의 젊은 화가가 자기들의 그림을 대중에게 보일 기회가 없자 모네를 중심으로 무명예술가협회를 결성하고 1874년 첫 그룹전을 개최하였다. 전시회는 이후 1886년까지 여덟 차례나 지속되었다.

첫 전시회의 카탈로그를 인쇄하기 위해 모네에게 그림의 제목을 묻자 원래 생각했던 '르아부르의 풍경'이라는 제목보다 더 좋을 것 같아 엉겁결에

'인상'(해돋이)이라고 해서 그대로 제목이 되었다. 전시회를 본『샤리바리』지의 루이 르루아 Louis Leroy 기자가 "대상의 본질이 아니라 단지 인상만을 그렸다"는 조롱의 의미로 그를 인상주의자라고 부르면서 '인상주의'라는 이름이 탄생했다.

모네는 1840년 파리에서 태어났다. 다섯 살 때 가족을 따라 노르망디 바닷가의 르아부르로 이주하였는데, 이곳은 그가 평생 풍경화가, 특히 물의 화가로 살게 된 것과 무관하지 않다. 르아부르에서 만난 외광주의(pleinairisme) 화가 부댕 Eugene Boudin, 1824~1898 도 모네가 화가의 꿈을 키우는 데 큰 영향을 주었다.

모네는 공부보다 그림 그리기를 좋아했다. 1857년 그를 이해해 주던 어머니가 사망하자 학교를 자퇴하였다. 그는 장사를 도와주길 원한 아버지와 사이가 좋지 못하여 방황하였다. 그런 그를 혼자 살던 아마추어 화가인 고모 마리 잔이 데려갔다. 고모는 이후로 그가 화가로서 성장하는 데 결정적인 도움을 주었다. 그가 열아홉 살이 되던 해 미술 공부를 위하여 파리로 간 것도 고모의 도움으로 가능했다. 스물한 살 때 징집되어 아프리카에서 복무하다가 다음해 장티푸스에 걸려 후송되었을 때도 고모가 힘을 써서 군에서 제대시켜 주었다.

모네는 고모의 도움으로 글레이르 Marc Gabriel-Charles Gleyre, 1806~1874 의 화실에 들어가게 되었고, 그곳에서 휘슬러, 르누아르, 바지유 Frédéric Bazille, 1841~1870, 시슬레 Alfred Sisley, 1839~1399 등 후에 인상주의 운동을 함께할 평생의 동료들을 만나게 된다.

1867년 모네는 평생 그를 아껴준 고모와 애인 카미유, 그녀와의 사이에서

모네,
〈산책(파라솔을 든 여인)〉,
1875년, 캔버스에 유채,
100×81cm,
워싱턴DC 국립 미술관

얻은 아들 장과 바다가 있는 노르망디로 다시 내려가서 마음의 안정을 얻고
많은 그림을 그렸다. 1871년 그는 파리 근교 센 강가의 아름다운 아르장퇴
유에 정착하였다. 〈인상(해돋이)〉뿐 아니라 최고 대표작인 〈산책(파라솔을 든
여인)〉도 이 시기에 그려진 것이다. 이 그림은 인상주의의 특성과 미학이 아
주 잘 표현된 걸작이다. 햇빛과 바람이 여인의 치마와 야생풀들을 어떻게 물
들이는가를 정말 인상적으로 표현하였다. 모델은 그의 아내 카미유와 아들
장이다.

인상주의는 어떤 특정한 기법이나 화풍으로 시작한 것이 아니라 기성화단의 아카데미즘에 반대하여 나온 젊은 화가들의 운동이었다.

아카데미즘은 학교에서 잘 짜여진 교육과정에 따라 드로잉·색채론·구도론·해부학 등을 배우고, 고전 주제에 대한 탐구와 고증을 바탕으로 잘 계획하여 제작한 작품을 공식 국전에 출품하여 인정받는 제도권적인 화풍을 말한다. 그래서 국전화파라고도 한다. 이 제도는 한번 정립되자 매우 튼튼하게 미술계를 장악했다. 기성화가들은 자신을 존경하는 제자들을 가르칠 수 있는 보람이 있었고, 젊은 화가들은 스승의 도움과 학연에 의하여 화단에 등단할 수 있는 데다 동료들과의 사교를 통해 여러 이득을 얻을 수 있었기 때문이다.

그러나 아카데미즘 화풍은 지나치게 정형화됨으로써 화가 개인의 개성과 감정의 표출을 억제하는 폐단을 초래했다. 더구나 이런 기준에 따르지 않는 젊은 화가들의 자유분방하고 실험적인 작품들이 국전에서 번번이 거부되자 여기에 대한 불만이 고조되었다.

햇빛에서 다양한 색을 발견하다

마네를 중심으로 카페 게르부아에 모여 예술을 논하던 파리의 젊은 화가들 가운데 모네, 시슬레, 피사로 등은 1870년 프랑스-프로이센 전쟁을 피해 런던으로 건너갔다. 그들은 거기서 터너, 컨스터블 등의 풍경화를 보고 현란한 외광 표현에 감명을 받았다. 그들은 파리로 돌아온 뒤 야외로 이젤을 들고 나갔다.

자연은 생각보다 훨씬 밝고 고정적이지 않고 계절과 날씨와 시간에 따라 유동적이었다. 햇빛에 반짝이는 나무 잎사귀는 녹색이 아니라 은색이었다. 더구나 당시 뉴턴에 의해 프리즘에 의한 색의 스펙트럼 분할이 밝혀져, 물질은 본질적인 고유 색상이 있는 것이 아니라 빛에 의해 언제나 변할 수 있다는 것을 알게 되었다. 그들은 이런 변화무쌍한 빛의 변화를 탐구하기 시작했다.

산업혁명도 인상주의의 태동에 도움을 주었다. 산업혁명은 방직공업의 발전을 가져왔고 그에 따라 새로운 염료와 안료 들이 속속 개발되었다. 1797년 프랑스의 니콜라 보클랭Nicholas Louis Vauquelin, 1763~1829이 크롬(chrome)을 처음 분리해 냈고, 1816년 보클랭의 제자인 쿠르츠가 크롬 안료 생산을 시작하였다. 독일 화학자 슈트로마이어Friedrich Stromeyer, 1776~1835가 1817년 우연히 카드뮴(cadmium)을 발견한 다음해에 프랑스의 장 앙리 주버Jean Henri Zuber가 카드뮴 옐로를 생산하기 시작했는데 색이 대단히 아름다웠다.

천연 울트라마린은 아름답지만 너무나 비싸서 성모 마리아에게만 칠하게 했을 정도였는데, 1824년 프랑스의 장 밥티스트 기메가 합성 울트라마린을 발명하였다. 윌리엄 퍼킨William Henry Perkin, 1838~1907은 1853년 당시 왕립학교 학생이던 열다섯 살 때 아름다운 보라색 염료를 발명하여 거부가 되었다. 안정된 좋은 색이 없던 녹색 문제도 1861년 빌헬름 폰 호프만August Wilhelm von Hofmann, 1818~1892이 발명한 알데히드 그린(aldehyde green)에 의해 해결되었다.

그야말로 봇물 터지듯 새로운 안료들이 쏟아져 나와 화가들의 손에 쥐어졌다. 튜브가 발명되어 간편하게 물감을 야외로 가지고 나갈 수 있게 된 것도 큰 동기가 되었다. 사진술이 발명되어 초상화를 중심으로 하던 미술계에는 변화가 불가피하였는데, 초상화 시장을 빼앗은 사진이 그림에 피해만 준 것은 아니었다. 화가들은 순간을 포착하는 사진에 주목하였고 그 영향으로 빛의 효과와 구도가 더욱 대담해졌다.

햇빛의 가시광선 영역을 프리즘으로 분할하면 6색(뉴턴이 색 체계를 7색으로 정리한 것은 그의 기독교적 신앙심 때문인 것으로 여겨진다. 일주일은 7일이며, 음계도 7계이다)이 나타난다. 가시광선 영역은 파장이 가장 긴 빨강부터 가장 짧은 보라까지 양끝을 연결하여 원형을 만들면 6색환, 즉 빨강-노랑-파랑의 3원색에 그 중간색이 포함된 빨강-주황-노랑-녹색-파랑-보라가 된다. 원색이란 다른 색을 섞어서 만들지 못하는 색을 말한다.

물감은 빨강-노랑-파랑을 혼합하면 색의 명도와 채도가 감소한다. 그래서 감산혼합이라 한다. 그러나 빛은 혼합하면 가산혼합이 된다. 빛의 3원색은 빨강-녹색-파랑인데 그들을 섞으면 명도가 증가하며 노랑(yellow)-시안(cyan)-마젠타(magenta)라는 중간색이 생긴다. 이 빛의 1차 중간색이 인쇄의

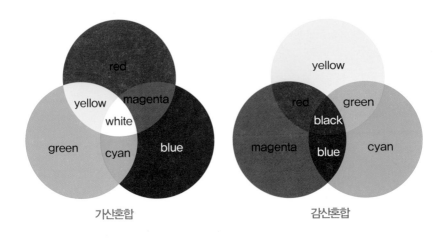

가산혼합   감산혼합

3원색이다.

중간혼합은 색을 섞으면 명도가 중간값을 갖는 것으로 병치혼합이나 회전혼합이 여기에 속한다. 예를 들어 팽이의 면에 두 색을 칠해 돌리는 것은 회전혼합이다.

물감의 색은 한정되어 있으므로 색이 필요하면 원하는 색을 섞어 만들어야 하는데, 이 경우 명도와 채도가 떨어져 필연적으로 색이 어두워진다. 밝은 색을 표현하고자 했던 인상주의 화가들은 이 문제를 해결하기 위해 병치혼합을 응용하여 색을 섞지 않고 한정된 밝은 색의 물감만으로 짧은 붓 터치를 하였다. 빨강과 파랑의 작은 색점들을 모자이크처럼 교차해 병치시켜 멀리서 보면 사람 눈의 잔상 효과에 의해 보라색으로 보이게 된다.

붓 터치의 크기와 모양은 모두 다르지만 병치혼합을 응용한 것은 인상주의 화가들의 공통된 기법이었다. 이 기법은 이후에 신인상주의 화가인 쇠라와 시냐크에 의해 더욱 정교해지면서 좀 더 과학적으로 탐구되었다. _Monet

분광법, 빛의 색깔을 발견하다

인류가 태양 빛에 색깔이 있다는 사실을 안 건 그리 오래 전 일이 아니다. 물체 운동 연구에 위대한 족적을 남긴 뉴턴은 태양 빛을 분석하는 연구에서도 괄목할만한 성과를 거두었다. 태양 빛이 여러 가지 색으로 구성되어 있다는 당시로서는 믿기 어려운 연구 결과를 발표한 것이다.

뉴턴은 1666년경 '프리즘'(prism)이라고 하는 유리 재질의 정삼각형 도구를 이용하여 태양 빛의 실체를 규명하는 데 성공했다. 그는 프리즘으로 투영시킨 태양 빛이 여러 색으로 나누어 퍼지는 현상을 목도했다. 그것은 분명 무지개였다. 태양의 반대편에 비가 오면 나타나던, 그때까지 어느 누구도 과학으로 설명할 수 없었던 영묘한 색띠가 바로 태양 빛의 색깔이었던 것이다. 빛은 여러 색의 혼합으로 이루어져 있고 이를 다시 하나로 합치면 흰색을 띤다는, 과학명제가 정립되는 순간이었다. 뉴턴은 빛이 파장의 세기에 따라 여러 색으로 나누어지는 현상을 '스펙트

컨스터블, 〈오두막, 무지개, 방앗간〉, 1837년, 캔버스에 유채,
87.6×111.8cm, 영국 리버풀 레이디 레버 아트 갤러리

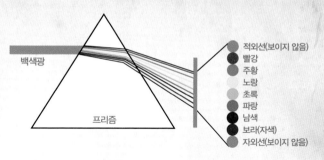

럼'(spectrum)이라 명명
하고, 파장에 의해 빛
을 분할하는 '분광법
(spectroscopy)'이라는
새로운 과학적 기틀을
마련하였다.

분광법은 과학의 여러 분야에서 응용되면서 학문적 발전을 거듭해 나갔다. 그 가운데서도 특히 화학 안에서 분광법의 활약은 가히 독보적이라 할만하다. 분광법을 통해 분자의 구조와 크기가 속속들이 밝혀지기 시작했고, 알려지지 않은 광물 속 원소들의 실체가 하나둘 확인되었기 때문이다.

어떤 물체에서 방출하거나 흡수하는 빛을 통해서 그 물체를 구성하고 있는 원자와 분자를 규명해 나간다는 것은 과학사 전체를 놓고 볼 때도 매우 획기적인 일이 아닐 수 없었다. 그 중심에 독일의 과학자 키르히호프Gustav Robert Kirchhoff, 1824~1887와 분젠Robert Bunsen, 1811~1899이 있었다. 두 사람은 금속염을 불꽃에 넣으면 금속의 종류에 따라 서로 다른 빛의 색이 나온다는 사실을 발견했다. 아울러 금속 원소 스펙트럼과 태양 빛 스펙트럼의 비교 분석을 통해 태양에 어떤 원소가 존재하는지도 규명해냈다.

훗날 아인슈타인Albert Einstein, 1879~1955에 의해 빛이 입자의 성질을 갖는다는 사실이 밝혀지면서, 분방법은 분자의 구조와 성질을 연구하는데도 한몫했다. 분자가 낮은 에너지 상태에서 높은 에너지 상태로 되려면, 에너지 준위의 차이만큼의 에너지를 흡수해야 한다. 반대로 높은 에너지 상태에서 낮은 에너지 상태가 될 때 그 에너지 차이만큼의 열이나 빛을 방출해야 한다.

화가가 내린 색에 대한 과학적 정의

쇠라
Georges Pierre Seurat

인상주의는 빛을 그리는 미술이다. 물체 고유의 색을 부정하고 그 물체의 표면이 반사한 빛이 만드는 순간적 인상을 표현한다. 빛을 그려야 하는 화가들의 도구는 물감이다. 자연에서 보는 빛은 생각보다 훨씬 더 밝았고 물감으로는 그 빛을 표현할 방법이 없었다. 미묘하고 다양한 색이 필요했는데 종래와 같이 물감을 섞으면 색이 어두워졌다. 다양한 빛을 표현하기 위해서는 어떤 특별한 방법이 필요했다.

점을 통한 색의 분할

독일의 헬름홀츠Hermann Ludwig Ferdinand von Helmholtz 1821~1894, 영국의 맥스웰James Clerk Maxwell 1831~1879, 프랑스의 쉐브릴Michel Eugène Chevreul, 1786~1889 등의 과학자들은 프리즘에 의한 스펙트럼 분광에 관한 연구를 통해 색을 섞어도 어두워지지 않는

문제를 해결하는 방법을 보여주었다. 즉 분광분석법이다. 최종적으로 나타날 색을 분석하여 각각의 원색을 팔레트 위에서 섞지 않고 화면 위에 병치하면 우리 눈의 망막에서 혼합된 중간색이 나타난다. 이것이 바로 병치혼합 기법이다.

약간의 방법적인 차이는 있지만 이러한 인식에서 인상주의 화가들의 기법을 이해할 수 있다. 모네는 짧게 끊어지는 터치를 병치하였고, 르누아르는 솜털처럼 부드러운 터치의 색면을 병치하였으며, 고흐는 곡선의 긴 선을 병치하였다. 쇠라나 시냐크 같은 신인상주의자들은 일정한 크기의 작은 색점들을 과학적인 비율로 병치하여 혼합의 효과를 극대화하였다. 색을 분할하는 모네의 기법을 '분광법'(spectroscopy)이라고 부른다면, 쇠라의 점묘주의는 '고성능 분광분석법'(high performance spectroscopy)인 셈이다.

과학자의 실험 정신으로 행한 습작 활동

쇠라Georges Pierre Seurat는 1859년 프랑스 파리의 부유한 가정에서 3형제 중 장남으로 태어났다. 1891년 마지막 작품이 된 〈서커스〉의 제작과 전시 작업으로 인한 과로에 감기가 겹쳤는데 이것이 후두염 등 합병증으로 발전하여 겨

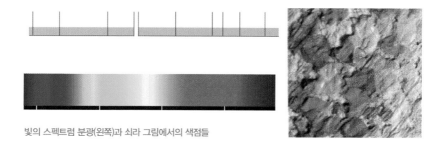

빛의 스펙트럼 분광(왼쪽)과 쇠라 그림에서의 색점들

쇠라, 〈그랑자트 섬의 오후〉, 1884~86년경, 캔버스에 유채, 207.6×308cm , 미국 시카고 미술원

우 서른한 살에 아까운 생애를 마쳤다.

쇠라는 자신만의 색깔을 갖기에도 부족한 짧은 일생 동안 미술사에 큰 획을 그었다. 그래서 그의 인생과 예술은 더욱 위대하며 안타깝다. 더구나 그의 작업 형태는 한 점의 그림에 2년이나 걸리기도 했기 때문에 10년 정도밖에 안 되는 그의 활동 기간을 생각하면 그의 업적은 경이롭기까지 하다.

쇠라는 관리였던 아버지가 퇴직한 뒤 전원생활을 좋아하여 시골로 내려가 지냈기 때문에 주로 어머니와 함께 살았다. 1875년 열여섯 살에 파리 시립 미술학교에 들어가 3년 정도 공부했고, 그 뒤 미술학교 중 최고인 에콜 데 보자르에 들어가 공부하였다.

아카데미즘적인 고전 화풍으로 혹독한 데생 훈련을 한 후 자기만의 독자적인 화풍으로 처음 내보

쇠라, 〈아니에르에서의 물놀이〉, 1884년, 캔버스에 유채, 201×300cm, 영국 런던 내셔널 갤러리

인 그림은 〈아니에르에서의 물놀이〉이다. 이 그림을 살롱전에 출품하였으나 낙선하고 앵데팡당전에 선보였다. 이후 쇠라는 앵데팡당전만을 무대로 활동했다. 그의 마지막 작품이라고 여겨지는 〈서커스〉도 1891년 앵데팡당전을 위한 작품이었다.

모네나 시슬레 같은 인상주의 화가들은 현장에 이젤을 세워두고 그곳에서 그림을 완성했다. 이에 비하여 쇠라는 매일 야외에 나가 스케치를 했지만 채색은 꼭 아틀리에에 돌아와서 재료와 구도를 정밀하게 조합하며 연구하면서 꼼꼼하게 완성시켰다. 〈아니에르에서의 물놀이〉의 경우 이렇게 구도를 연구하기 위해 그린 유화 습작이 14점이나 남아 있다.

〈그랑자트 섬의 오후〉는 각 부분을 위한 습작까지 합하면 준비 습작품이

30점 이상이나 전해진다. 그는 좋은 구도를 찾기 위해 그랑자트 섬을 여러 장소와 각도에서 바라본 지형도 습작을 그렸다. 마침내 현재와 같은 배경이 결정되자 인물이 한 사람도 등장하지 않는 마치 빈 무대 같은 이상한 풍경화를 하나 그렸다.

이렇게 풍경만을, 그것도 스케치가 아니라 완성된 그림 형태로 그린 것은 그가 다른 인상주의 화가들처럼 순간적인 인상만을 현장에서 빠른 작업으로 표현한 것이 아니라 정밀한 계산에 의하여 연출된 화면을 완성하려고 했기 때문이다. 그 모습은 마치 연구실과 현장을 뛰어다니며 물질을 채취하고

쇠라, 〈그랑자트 섬의 지형도〉, 1884년, 캔버스에 유채, 개인 소장

실험하는 과학자의 모습과도 같다.

이 그림의 무대인 그랑자트 섬은 파리 서북쪽 근교 뇌이유 쉬르 센느 지역을 흐르는 센 강 위의 섬이다. 파리 사람들이 일광욕이나 뱃놀이를 즐기던 유원지였다.

화가들의 색에 대한 과학적 정의

프랑스의 인상파 화가들은 과학자 쉐브릴의 스펙트럼 광학에 큰 영향을 받았다. 쇠라는 시냐크와 함께 그를 찾아가 광학에 대해 직접 가르침을 받고, 물체가 나타내는 색을 다음 다섯 가지로 정리하였다.

1. 백색광 속에서 물체가 단독으로 보여주는 색

2. 물체 위에 떨어지는 빛의 색, 만일 햇빛이 비친다면 따뜻한 노란색

3. 물체에 닿은 빛이 물체의 표면에 의해 변화되어 나타나는 색

4. 가까이 있는 다른 물체에서 반사되어 나오는 색

5. 가까이 있는 다른 물체와의 영향으로 느껴지는 색, 예를 들면
   파란 하늘을 배경으로 한 물체는 파랑의 보색인 주황색을 띤다.

이런 빛과 색의 효과를 쇠라가 처음으로 깨달은 것은 아니다. 그러나 모네나 르누아르는 감각적이고 본능적으로 포착하고 표현한 데 비하여 쇠라는 그것을 과학적으로 분석하고 연구하여 그 영향을 밝힌 다음, 일정한 크기의 점으로 균등하게 배분하여 표현하는 방법을 썼다.

〈그랑자트 섬의 오후〉의 진정한 매력은 기하학적 구도나 색채이론 때문이 아니라 거기에 담긴 맑고 깊은 서정성에 있다. 디테일을 생략하고 대상을 단순한 기하학적 형태로 환원시켜 조형적 표현을 추구한 화가로는, 쇠라 이전에는 르네상스 시대의 프란체스카 Piero della Francesca, 1416~1492, 쇠라와 동시대에는 세잔, 쇠라 이후에는 입체파 화가들이 있다.

그들의 그림과 〈그랑자트 섬의 오후〉의 차이는 우리의 분석을 넘어서는 쇠라만의 위대한 시적 서정성에 있다. 그들의 그림은 모든 소리와 움직임이 정지된 시적 장면, 순간의 정지가 아니라 영원으로 가는 정지로 느껴진다. 그 정지는 마치 이탈리아의 화가 데 키리코 Georgio de Chirico, 1888~1974 나 독일의 화가 호퍼 Karl Hofer, 1878~1955 의 형이상학화의 정지감을 연상시킨다. 그러나 쇠라의 정지는 밝고 화려한 붓으로 쓴 한 편의 시다._ *Seurat*

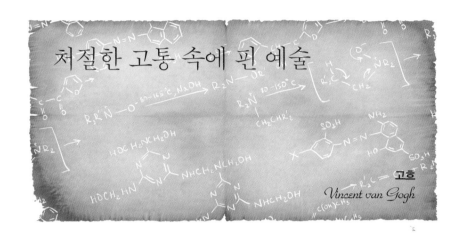

처절한 고통 속에 핀 예술

고흐
Vincent van Gogh

음악, 미술, 문학 등 예술의 각 분야에서 질병과 창조성의 연관을 나타내는 예는 얼마든지 있다. 프리다 칼로Frida Kahlo, 1907~1954는 서른두 번이나 수술을 받

고 다리 하나를 잘라 내면서 걸작 〈부러진 척추〉를 낳았고, 비발디Antonio Vivaldi, 1678~1741는 원래 신부였으나 천식 때문에 미사를 집전할 수 없어 성가대를 지휘하다가 교회음악을 작곡하기 시작하여 〈사계〉 같은 음악을 남겼다. 슈만Robert Alexander Schumann, 1810~1856도 원래 피아

칼로, 〈부러진 척추〉, 1944년, 캔버스에 유채, 40×30.5cm, 멕시코 멕시코시티 돌로레스 올메도 컬렉션

고흐, 〈귀를 자른 자화상〉, 1889년, 캔버스에 유채, 51×45cm, 개인 소장

노 연주자로 대성하기를 바랐으나 손가락 마비를 앓게 되면서 절망과 고통 속에서 작곡을 시작하였다.

문학도 다를 바 없다. 프루스트$^{Marcel Proust, 1871~1922}$도 꽃가루나 먼지가 들어 오지 못하게 자신의 침실을 코르크를 사용하여 꼭꼭 밀봉할 정도로 극단적 인 알레르기 공포증이 있었으며, 심장판막증과 그에 따른 신경쇠약으로 고 통 받으며 유명한 자전적 소설『잃어버린 시간을 찾아서』를 남겼다.

직선을 그리지 못한 화가

삶은 행복만도 고통만도 아니라고 하지만 고흐$^{Vincent van Gogh, 1853~1890}$의 삶을 보 면 거의 고통의 연속인 것으로 보인다. 그림을 평생 단 한 점밖에 팔지 못해 늘 동생에게 의지하여 얹혀사는 처지였으므로 경제적인 스트레스와 자괴감 이 어떠했으리라는 것은 어렵지 않게 추측할 수 있다.

고흐는 불쌍하고 가난한 사람들과 달리 자신의 어린 시절이 넉넉했다는 사실만으로도 괴로워했으며, 그들을 위해 희생하고자 성직자의 길을 택했 으나 그마저도 뜻대로 되지 않았다. 또 몇 명의 여자를 사랑했지만 모두 비 극으로 끝나고 외로움에 젖어 살았다. 동료 화가들과의 관계도 좋지 못했 고, 한때 그렇게나 좋아한 고갱과의 싸움 끝에 자신의 귀를 자른 사건 뒤에 는 정신병원을 들락거렸으며, 결국은 권총 자살로 고통스러운 인생을 마감 했다.

고흐의 그림을 두고 의학자와 심리학자 들은 창조성과 고통 간의 연관성 을 많이 연구하였다. 그에게는 알코올중독, 매독, 포피린증, 귓병, 정신착란

오베르 교회의 실제 모습(왼쪽)
고흐, 〈오베르 교회〉, 1890년, 캔버스에 유채, 94×74.5cm, 프랑스 파리 오르세 미술관

등 수많은 질병이 따라다녔다. 그의 그림은 형태와 색 그리고 주제까지도 병적 징후로 받아들여졌다. 〈오베르 교회〉에서와 같이 직선을 그리지 못하고 이글거리는 선들과, (자신의 표현대로) 채도 높은 노랑을 특히 많이 쓰고, 보색 효과를 극대화하는 보라색이나 진한 코발트를 과감하게 사용한다거나, 비극적인 분위기로 점철된 40점이나 되는 자화상이 모두 그런 주장을 뒷받침한다.

고흐는 심각한 조울증 환자인 것으로 알려졌다. 창작에서는 하루 만에 그림을 끝낼 정도로 대단히 조급하였고, 아를에서 고갱과 생활할 때는 모든 것을 고갱에 맞출 정도로 집착증이 심하였다.

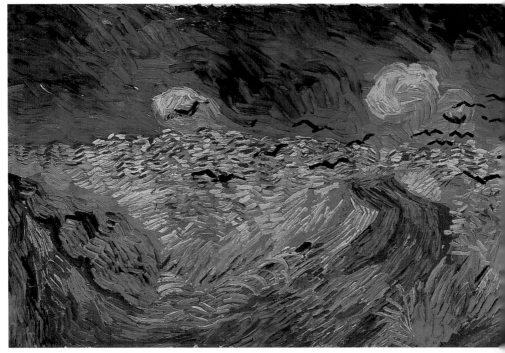

고흐, 〈까마귀가 나는 밀밭〉, 1890년, 캔버스에 유채, 50.5×103cm, 네덜란드 암스테르담 반 고흐 미술관

위대한 예술과 고통의 함수 관계

예술에서는 고통과 병이 '잃음'만은 아니다. 우울증도 예술가에게는 칭송받는 덕목이다. 뒤러의 판화 〈멜랑콜리아 I〉(142쪽)은 이해하기 어려운 많은 과학적·예술적 소품에 둘러싸인 한 사람이 고독과 고통에 차서 생각에 빠져 있다. 작품 제목이 멜랑콜리아(우울증)이며 작품에서도 '멜랑콜리아'란 팻말이 찬란한 태양과 아름다운 무지개에 걸쳐 있다. 뒤러 자신도 우울증에 시달

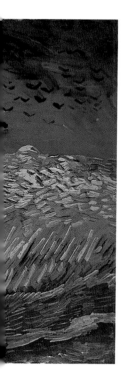

렸으며, 그는 "우울증이 위대한 천재성으로 빛날 수 있다"고 했다.

고흐는 정식 학교에서 미술을 배운 적이 없다. 그림을 판 적도 거의 없다. 그가 죽기 전에 동생 테오에게 보낸 편지에서 "나는 지금 어지러운 하늘 아래 펼쳐진 밀밭을 그리고 있으며, 지독한 슬픔과 고독을 그리고 있다"고 썼다. 아마도 그의 마지막 그림으로 여겨지는 〈까마귀가 나는 밀밭〉일 것이다. 이글거리는 밀밭 위를 검푸른 하늘이 짓누르고 음침한 한 무리의 검은 새떼가 낮게 날아간다. 노랑과 파랑·녹색의 강렬한 보색 대비, 여기에 그의 슬픔과 고독과 분노가 나타나 있다.

고흐는 이 그림을 그린 지 얼마 안 되어 이 밀밭에서 권총으로 자신을 쏘았다. 그리고 거의 한 점도 팔지 못한 800점이 넘는 그림을 동생에게 남겼다. 그림 값이 올라 동생에게 진 빚을 조금이나마 갚을 수 있을 것이라고 기대했을 테지만 그의 그림은 사후 5~6년간이나 거래되지 않았고, 동생 테오도 다음해에 죽어서 하늘은 끝까지 고흐에게 조금의 기쁨도 주지 않았다. 그러나 신에게 시간이란 그런 의미가 아니었다. 그의 이런 처절한 고통 속에 핀 예술은 100여 년이 지난 우리들에게 커다란 울림을 준다. _ *Gogh*

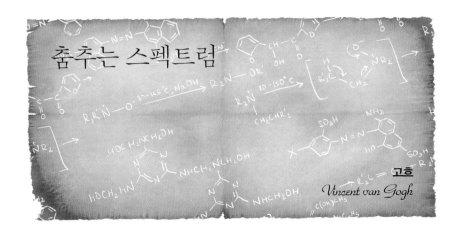

춤추는 스펙트럼

고흐
Vincent van Gogh

고흐는 1853년 네덜란드 남부의 그루트 준데르트에서 존경받는 목사 테오도르의 6남매 가운데 맏아들로 태어났다. 고흐의 부모는 첫 아이를 낳았으나 곧 죽고 꼭 1년 뒤 같은 날 고흐를 낳자 죽은 형의 이름을 그대로 지어 주었다. 첫 아들의 대리인생이라고도 할 수 있는 인생 출발이었다.

모네가 위대한 화가가 되기까지 고모의 극진한 보살핌이 있었듯이 고흐는 네 살 아래의 동생 테오의 보살핌으로 화가의 삶을 살 수 있었다. 고흐의 가족 중에는 미술과 관련한 사람이 많다. 외사촌인 안톤 모브Anton Mauve, 1838~1888는 네덜란드 헤이그파의 대표주자라 할 수 있는 유명한 화가였고, 세 명의 숙부가 화상(미술품 판매상)이었으며, 평생의 후원자인 동생 테오도 화상이었다.

고흐는 열여섯 살 때 첫 사회생활을 구필화랑에서 시작하였다. 그의 우울한 인생은 화랑이 번창을 거듭하여 런던 지점으로 발령받아 갔다가 거기서

고흐, 〈별이 빛나는 밤〉, 1889년, 캔버스에 유채, 73.7×92.1cm, 미국 뉴욕 현대 미술관

첫사랑을 하게 되고 실연을 당하면서부터였다. 그는 이어 파리 지점으로 전근 가서 얼마 안 되어 해고당하였다.

　고흐는 신앙심이 열렬했고 희생심도 강했다. 그래서 1878년 벨기에 브뤼셀에서 단기 목사 양성 과정을 수료한 뒤 벨기에 남부의 탄광지대인 보리나즈의 부목사가 되어 가난한 사람들을 돌보면서 전도에 몰두했다. 그러나 너무 진보적이고 과격한 선교 태도로 동료 목사들과 어울리지 못하고 대중의 이해도 받지 못하였다.

고흐는 마침내 목사의 길을 포기하고 화가의 길을 가기로 했다. 그러나 신앙심은 늘 그의 삶의 바탕이 되었다. 불쌍한 사람을 보면 모든 것을 희생하려 하였고 가난한 사람들의 부지런한 삶이 그림의 모티브가 된 적이 많았다. 임신 중인 병든 창녀 시앤을 만나 동거한 것도 그의 이런 성향과 무관하지 않다.

그림처럼 어둡고 강렬한 화가의 삶

고흐는 1886년 동생 테오가 사는 파리로 갔다. 그곳에서 로트렉, 베르나르, 고갱 같은 인상파 화가들을 만나면서 그의 색채가 밝아졌다. 이전까지는 그

고흐, 〈감자 먹는 사람들〉, 1885년, 캔버스에 유채, 81.5×114.5cm,
네덜란드 암스테르담 반 고흐 미술관

가 가장 존경하는 화가인 렘브란트와 밀레의 영향으로 〈감자 먹는 사람들〉 같은 네덜란드 화풍의 어두운 그림만 그렸다. 파리에서 색을 섞지 않고 병치하여 밝은 색채를 구현하던 인상파를 만나 깊이 감명받고 그런 방향으로 자신의 화풍을 만들어 갔다.

그러나 그가 파리에
온 1886년을 끝으로
인상파 회원전은 더
이상 열리지 않았다.

고흐의 영원한 후원
자인 테오가 더 이상
그의 무절제하고 과
격한 태도를 못 참을
지경이 되고, 아무도
고흐의 집을 찾아오
지 않게 되자 그는 파
리를 저주하며 남프
랑스의 아를로 갔다.

고흐, 〈씨 뿌리는 사람〉, 1888년, 캔버스에 유채, 64×80.5cm,
네덜란드 오텔로 크뢸러뮐러 국립 미술관

아를은 파리와 달리 남프랑스의 강렬한 태양이 노랗게 이글거렸다. 여기
서 고흐의 이글거리는 독특한 화풍이 완성되었다. 〈씨 뿌리는 사람〉은 밀레
를 의식하여 그린 것인데 그의 불타는 감정을 읽을 수 있다. 노란색과 보라
색의 보색 대비를 극명하게 사용하여 더욱 강렬한 인상을 준다.

〈해바라기〉 시리즈와 함께 노란색은 곧 고흐의 트레이드마크가 되었다.
당시 고흐는 화실로 쓰던 집도 노란색으로 칠했는데 이 집은 전쟁으로 소실
되었고, 현재는 그 건너편에 고흐 미술관이 있다. 그의 최대의 걸작으로 꼽
히는 〈별이 빛나는 밤〉도 바로 여기에서 그린 그림이다.

인상파들은 밝은 색을 유지하기 위해 색을 팔레트에서 섞지 않고 원색을

고흐, 〈별이 빛나는 밤〉 중 부분도

그대로 화면에 병치시켜 관람자의 망막에서 혼합이 되게 하는 특별한 방법을 썼다. 그러나 화가 개인에 따라 병치하는 색점은 다르다. 고흐는 뱀처럼 꾸불거리는 스펙트럼 색띠를 병치하여 이글거리는 감정을 독특한 필치로 나타냈다.

아를에서 고흐는 고갱과 잠깐 같이 살다가 다툼 끝에 귀를 잘랐고, 그 사건 이후 정신병원을 들락거렸다. 〈별이 빛나는 밤〉은 고갱이 떠나간 뒤 외로움으로 괴로워하던 시기에 그린 그림이다. 화면의 모든 색이 꿈틀거리며 분노로 몸부림치고 있다. 광기가 느껴진다. 그는 당시에 밤경치를 많이 그렸다. 아마도 잠 못 이루는 날이 많았을 것이고 밤에 거닐거나 밤경치를 바라보는 때가 많았을 것이다.

바로크 시대부터 실내에서 그림을 그리던 화가들은 인상주의에 와서야 이젤을 들고 야외에 나가서 그렸다. 이들은 낮에 햇빛의 변화로 생기는 색채의 향연을 그렸다. 밤의 감정을 고흐같이 잘 나타낸 화가는 없었고, 그에 의해 야간 야외 풍경화가 완성됐다고 할 수 있다. 〈별이 빛나는 밤〉, 〈론강의 별이 빛나는 밤〉, 〈아를 밤의 카페〉, 〈아를 광장의 밤의 카페 테라스〉 등은 이런 점을 잘 보여준다.

100만 배로 뛴 고흐의 그림 값
고흐는 평생 단 한 점밖에 작품을 팔지 못하고 생계는 전적으로 동생 테오에게 의지하여 살았다. 그가 죽기 5개월 전 〈붉은 포도밭〉이 400프랑(약 10만 원)에 팔린 것이 유일하다고 한다. 미술품 판매 일을 하던 동생 테오가 경제적인 어려움에 빠졌을 때 고흐가 자살했는데, 화가가 죽은 뒤에 그림 값이 치솟는다는 이야기를 평소에 여러 번 한 것으로 보아 동생에게 미안한 마음과 그를 도우려는 마음으로 자살했을 것이라는 해석도 있다.

고흐가 자살한 지 7년이나 지나서 〈가셰 박사의 초상〉이 고작 300프랑(약 7만 원)에 팔렸다. 60년 뒤 1957년 크리스티 경매장에서 〈크리스 공장〉이 86,600달러(약 8천만 원)에 팔렸고, 1987년 경매에서는 〈해바라기〉와 〈수선화〉가 2억4천만 프랑(약 576억 원), 3억2천만 프랑(약 768억 원)을 기록하다가, 1990년 〈가셰 박사의 초상〉이 8천250만 달러(약 800억 원)에 경매되며 2004년 당시 사상 최고 그림 값을 기록하였다. 사후 7년까지 7만 원 하던 그림 값이 60년 뒤에는 300배, 다시 90년 뒤에는 100만 배가 된 것이다.

고흐의 그림 값에 대한 이야기가 하나 더 있다. 1889년 고흐가 죽기 전 해에 동생한테 보낸 편지에 "어제 밀레의 〈안젤루스〉라는 그림이 50만 프랑에 팔렸는데, 대중이 밀레가 그 그림을 그릴 때 가졌던 생각을 공감한다는 걸까?"라고 썼다. 아마도 고흐는 밀레를 상당히 부러워한 것 같다. 그러나 지금은 완전히 뒤바뀐 처지다. 그가 생전에 그렇게 부러워하던 밀레 그림 값의 최고가는 고흐 그림 값의 최고가에 비하여 24분의 1밖에 안 된다. 물론 그림 값이 그림의 가치를 직접적으로 말하는 것은 아니나, 현대인의 취향과 가치관으로 매겨진 척도는 될 것이다. 철저히 외면받은 그의 그림이 이젠 세계 최고의 선망의 대상이 된 것이다. _ *Gogh*

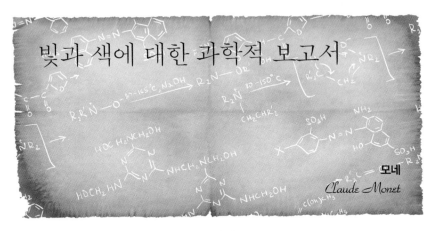

빛과 색에 대한 과학적 보고서

모네
Claude Monet

- **연구과제명** : 분광분석법에 의한 물질 표면의 색채학적 연구
- **연구책임자** : 클로드 모네
- **연구기간** : 1889~1926년
- **연구방법** : 분광분석법
- **실험기기** : 모네의 눈

모네의 그림 작업은 과학자의 연구 과제와 유사한 면이 있다. 그는 1889년 부터 죽기 직전까지 근 40년간 계절, 날씨, 시간은 다르지만 한 장소에서 같은 대상에 대한 빛의 효과를 탐구하였다. 과학자의 탐구와 거의 비슷한 방법으로 상당히 체계적이고 지속적으로 연구하였다.

체계적인 연구로 탄생한 연작

모네는 불혹에 접어들면서 그림이 별로 팔리지 않아 경제적으로 어려워졌다. 이때 파리 백화점 부호인 에르네스 오슈드와 친해지면서 도움을 많이 받

모네, 연작 시리즈
그림 1. 2. 3. 〈건초더미〉 연작, 1889~91년경
그림 4. 5. 6. 〈포플러〉 연작, 1891년
그림 7. 8. 9. 〈루앙 대성당〉 연작, 1892~94년경

았다. 파리에 가면 오슈드의 집에서 지내는 경우가 많았는데 결국에는 그의 아내 알리스와 사랑에 빠지고 말았다. 1878년 오슈드의 백화점이 불황을 견디지 못하고 파산하였다. 그러자 모네는 파리 서북쪽 센 강가의 베퇴이유에 있는 좀 더 큰 집으로 이사하여 마침내 두 가정이 한집에서 살았다.

1879년 모네의 아내 카미유가 알리스의 극진한 간호에도 불구하고 세상을 떴다. 시름에 잠겨 붓을 못 잡던 모네는 알리스의 위로로 생기를 되찾고, 1883년 지베르니에 정착하며 다시 왕성한 창작 활동을 하였다. 지베르니는 파리 서북쪽에 있는 센강과 에프트강이 만나는 아름답고 작은 동네이다.

1891년 오슈드가 사망한 뒤 모네는 알리스와 재혼하였고, 이후 안정되고 행복한 삶을 누리며 1926년 생을 마감하는 순간까지 연작 연구에 몰두하였다.

같은 장소, 같은 대상을 다른 시간에 그리는 연작 시도는 1878년 베퇴이유에 이주한 뒤부터 본격적으로 시작하였다. 연작들을 나란히 놓고 비교해 보는 것은 의미가 있다. 여기서는 〈건초더미〉, 〈포플러〉, 〈루앙 대성당〉 연작을 세 점씩 살펴보도록 하자.

과학적이고 체계적인 색채 탐구

모네는 이미 그렸던 장소가 또 다르게 느껴지는 자연의 변화무쌍한 경이를 접하고 그 느낌을 화폭에 담기 위해 혼신의 힘을 쏟았다. 여기에 제시한 세 점의 〈건초더미〉 중에서 그림1은 그림자로 보아 늦은 여름 오후 해질녘의 풍광으로 그림자가 녹색으로 표현되었다. 그림2는 같은 계절이지만 아침의

호쿠사이, 〈후지산 36경〉 연작 중 6경, 1825~31년경

맑은 햇살을 듬뿍 받은 것이고 그림자는 붉다. 그림3은 그림2와 같은 아침 시간이지만 겨울에 눈이 내린 모습이다. 눈은 하얗지만 그림자를 파랗게 그렸다. 눈이 부시게 하얀 겨울 아침이 가슴으로 느껴진다.

　이 그림들을 그리던 당시에는 이미 모네의 명성이 대단하여 전세계 화랑에서 그의 그림을 몇 점이라도 사기 위해 줄을 서곤 했다. 모네는 경제적으로도 매우 풍족했기 때문에 오로지 그림에만 매달릴 수 있었다. 현대 추상화의 대가 칸딘스키Wassily Kandinsky, 1866~1944는 모네의 〈건초더미〉 연작에서 추상 개념을 확인할 수 있었다고 한다.

　프랑스 북쪽 지방에서 흔히 볼 수 있는 포플러 나무는 모네의 그림에서 마술 같은 매력을 나타냈다. 멋있게 줄지어 서 있는 포플러 나무들은 모네가 보려고 하였던 바람, 햇빛, 물의 영향을 있는 그대로 보여주었다.

　그 무렵 프랑스에 소개된 일본인 화가 호쿠사이^{Katsushika Hokusai, 1760~1846}의 〈후지산 36경〉 연작 판화는 모네에게 직접적인 영감을 준 것 같다.

　모네에게는 자연뿐 아니라 인공 건축물도 연구 대상이 되었다. 지베르니에서 가까운 루앙의 대성당을 자주 그렸다. 그림7은 흐린 날씨에 그린 것이며, 그림8과 그림9는 햇빛을 잘 받을 때 그린 것인데 시간과 날씨에 따라 성당의 돌벽은 분홍빛, 금빛으로 나타난다. 이미 오랫동안 풍화 작용에 의해 고유한 반사체를 만든 돌벽은 모네의 눈앞에서뿐만 아니라 그림을 관람하는 우리 눈앞에서도 막 풍화 작용이 일어나고 있는 것 같다.

　당시에 이 연작에 대한 지식인과 언론 들의 찬사는 가히 성인에 대한 숭배에 가까웠다. 이제 같은 작업을 하는 인상주의 화가들은 모네에 대한 질투를 넘어서 그를 동료라기보다는 넘을 수 없는 스승처럼 인식하였다. 사람들은 날씨와 빛에 따라 변화하는 대기와 물체의 표면을 파악하는 모네의 특별한 색채감각에 완전히 홀렸다.

지베르니에 있는 모네의 집(왼쪽), 정원 앞 일본식 다리가 있는 연못

인상주의에 대한 오해

나이가 들어 기력이 약해진 모네는 지베르니 집의 정원을 대대적으로 수리하였다. 일본식 다리를 놓은 연못을 만들고 수련을 심었으며, 정원에는 대나무 · 벚나무 등을 심어 일본풍으로 꾸몄다.

그리고 집에서 정원을 그리기 시작했다. 처음에는 다리도 나타내는 등 연못

모네, 〈지베르니 정원〉, 1900년, 캔버스에 유채, 81×92cm, 프랑스 파리 오르세 미술관

의 전체적인 경치를 그렸으나 점차 화면이 좁아지고 나중에는 물의 경계도 없이 수련만 남았다. 이제 수련은 모네의 특허품이 되었다.

모네는 경제적으로나 예술적으로나 대중적 인기로나 부족한 것이 없었다. 그러나 1895년 친구처럼 지내던 베르테 모리소가 사망하고, 1911년에 두 번째 아내인 알리스도 그의 곁을 떠났다. 또 1903년에는 피사로, 1917년에는 드가, 1919년에는 르누아르마저 세상을 떠났다. 이제 모네는 완전히 혼자 남았다.

1914년 아끼던 큰 아들 장이 매독으로 세상을 뜨는 것을 지켜본 모네는 자신의 죽음 이후를 생각하고 친구인 조르주 클레망소 Georges Clemenceau, 1841~1929 총리에게 자신의 그림을 국가에 기증하겠다는 뜻을 전했다. 1920년 파리 중

모네, 〈수련〉, 1906년, 캔버스에 유채, 93×90cm, 미국 시카고 미술원

심가에 있는 튈러리 공원 내 오랑제리에 모네의 수련 그림을 위한 미술관을 기공하여, 1927년 모네가 사망한 지 몇 달 뒤에 완공하고 개관하였다. 타원 벽에 맞춰 제작한 그의 마지막 대작들이 미술관에 걸리게 되었다. 폭은 모두 2미터이며 길이는 벽에 따라 2미터, 4.25미터 혹은 6미터가 되는 것도 있다.

인상주의의 탄생에 대한 두 가지 오해가 있다. 하나는, 사회의 주체와 그림의 주요 고객이 왕족과 귀족에서 새롭게 대두한 시민계급으로 이행함으로써 인상주의가 태동했다는 것이다. 그러나 사실 당시의 시민계급은 급격한 신분상승의 결과로 오히려 왕족과 귀족을 흉내 내려 하였다. 그래서 초기 인상주의는 대중으로부터 철저하게 외면당했으며 그림도 팔리지 않았다. 그래서인지 인상주의 화가 중에는 부자 출신이 많았다. 그림으로 먹고 살기는 어려웠기 때문이다.

또 하나는, 당시 발명된 사진이 초상화 시장을 빼앗았기 때문에 사진처럼 사실적이지 않은 그림이 탄생할 수밖에 없었다는 것이다. 그러나 인상주의에 이르러서야 비로소 자연을 보이는 대로 재현하기 시작했다. 제1회 인상주의전이 사진작가 나다르Gaspard Felix Tournachon, 1820~1910의 스튜디오에서 열린 것을 보면 인상주의 작가와 사진가 들이 오히려 가까운 관계였음을 알 수 있다.

인상주의는 사실 당시에 막 봇물처럼 쏟아져 나온 과학의 한 결과라고 할 수 있다. 투명한 빛이 모든 색으로 분광될 수 있으며, 물체가 고유한 색을 지닌 것이 아니라, 빛이 물체에 닿고 투과하고 반사하면서 파장이 다른 스펙트럼에 의해 색이 결정된다는 것을 과학이 알려준 것이다. 반짝이는 햇빛 아래 시시각각 변하는 색채의 향연을 병치혼합 기법으로 재현하면서 인상주의가 태동한 것이다. _Monet

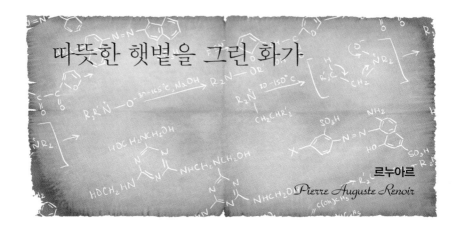

따뜻한 햇볕을 그린 화가

르누아르
Pierre Auguste Renoir

르누아르Pierre Auguste Renoir, 1841~1919는 미술사 전체를 통틀어 가장 뛰어난 색채화가이자 인물화가이다. 특히 여체를 그리는 데는 누구도 모방할 수 없는 높은 경지를 보여주었다. 누드의 천재라고 할 수 있는 루벤스를 잇는 여체 표현의 대가이다. 루벤스는 '살'을 그렸으나 르누아르는 '살갗'을 그렸다. 르누아르는 "풍경을 그린 그림을 보면 그 속에서 산책을 하고 싶어져야 하고, 여체를 그린 그림을 보면 모델을 껴안고 싶어져야 한다"고 말했다.

시선을 따뜻하게 만드는 색감의 효과

르누아르가 그린 〈피아노를 치는 소녀들〉의 전체적인 색조는 붉은색과 노란색이다. 따뜻한 색이 주를 이루고 있어서 전체의 분위기를 따뜻하고 풍부하게 만들어 준다. 부드럽고도 풍부한 소녀의 금발이 포근함을 더해 준다.

르누아르, 〈피아노를 치는 소녀들〉, 1892년, 캔버스에 유채, 116×90cm, 프랑스 파리 오르세 미술관

여성의 머리칼을 이렇게 아름답게 그린 화가는 르누아르 말고 더 있을 것 같지 않다. 녹색 커튼을 드리워서 붉은색이 더욱 살아나게 보색 효과까지 더 하였다.

르누아르의 붓 터치는 매우 독특하다. 미술을 잘 모르는 사람도 르누아르 의 그림은 구별해 낼 수 있을 만큼 특징적이다. 배경과 모델 사이의 윤곽선 이 모호하도록 문질러서 매우 부드러운 형태를 창조하였다. 르누아르도 인 상파로 분류되지만 이 그림은 그가 인상파와는 결코 같지 않다는 사실을 여 실히 보여준다. 르누아르도 클로즈업 기법을 써서 일상의 순간을 포착한 분 위기를 만들기는 했다. 그러나 그는 고전적인 조화와 편안함을 추구하였다.

사실 이 그림은 구도상 매우 철저하게 계산된 완벽한 균형미를 보여준다. 수직선과 수평선, 좌우 대각선이 아주 균형 있게 조화를 이룬다. 피아노 치 는 소녀의 상체가 화면 좌우를 황금비율로 분할하는 빨간색 수직선을 이룬

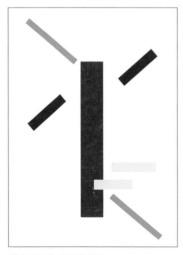

다. 소녀의 두 팔은 노란색으로 표시한 수평선이다. 파랗게 표시한 오른쪽 위 에서 왼쪽 아래로 흐르는 대각선은 지 켜보는 소녀의 두 팔이다. 녹색으로 표 시한 왼쪽 위에서 오른쪽 아래로 흐르 는 반대 방향의 대각선은 커튼과 피아 노가 맡고 있다. 완벽하게 조화로운 구 도이다.

피아노를 치는 소녀들 구도

그림에 철학은 없지만 대중에게 가장 사랑받은 화가

르누아르는 60여 년 동안 약 6,000점의 그림을 남겼다. 그림을 그리지 않은 날이 하루도 없었던 것 같다고 스스로 말했을 만큼 쉴 새 없이 그렸다. 말년에는 심각한 류머티스 관절염으로 거동이 힘들어지고 손이 변형되어 붓을 잡을 수도 없었으나 붓을 손에 묶고 아름답고 유쾌한 그림을 계속 그렸다.

르누아르는 1841년 2월 25일에 리모주의 한 양복점집 아들로 태어났다. 네 살 때 파리로 이사하였고, 열세 살 때 도자기 공장에 취직하여 도자기에 그림을 그려 넣는 일을 하였다. 그는 쉬는 시간이나 일이 끝난 후에 열심히 데생을 연습하였다. 재능이 있어서 견습생 기간을 단축하고 어려운 그림을 도맡게 되었다. 그러나 산업혁명의 여파로 도자기에도 인쇄기술이 적용되어 도공 일을 할 수 없게 되었고, 손부채나 깃발에 그림을 그리는 일을 하며 생계를 유지하였다.

르누아르는 돈을 열심히 모은 뒤 스물한 살에 에콜 데 보자르에 입학하였다. 그의 진정한 스승은 스위스 태생의 글레이르이다. 그를 통해 모네, 시슬레, 바지유 등 친구들을 만나게 되었으며, 인상파와 인연을 맺게 되었다.

글레이르는 자신은 고전주의적인 화풍이었으나 학생들에게는 비교적 진보적이고 자유롭게 그리도록 가르쳤다. 인상주의자들을 포함하여 다른 화가들은 미술을 거룩하고 진지하게 대하였다. 그러나 르누아르는 그림 자체를 매우 즐거워했으며 보는 관람자도 즐거워야 한다는 생각을 갖고 있었다. 아마도 도자기나 손부채에 아름답고 유쾌한 그림을 그리던 시절의 영향이 아닌가 생각된다. 늘 고객이 즐거워할 그림만 그려 넣었으니까.

〈미스 로멘 라코〉는 아마도 르누아르가 최초로 화가의 명의로 의뢰받은

르누아르, 〈미스 로멘 라코〉, 1864년, 캔버스에 유채, 81×65cm, 미국 오하이오 클리블랜드 미술관(왼쪽)
르누아르, 〈갈레트 풍차〉, 1876년, 캔버스에 유채, 131×175cm, 프랑스 파리 오르세 미술관

그림일 것이다. 이 초기의 그림을 보면 그의 그림 경향을 알 수 있다. 고전적인 로코코풍으로 의뢰인의 마음에 들도록 신경 쓴 흔적이 보인다.

르누아르의 그림에는 메시지나 철학이 없다. 본인이 그렇게 이야기했다. 그는 매우 통속적인 사람이며, 그의 그림도 통속적이다. 그가 그린 주제는 대개 일상생활이고 특히 유희를 주제로 한 것이 많다. 〈갈레트 풍차〉를 보면 유쾌하게 떠드는 소리, 사랑스러운 밀담의 소리가 들리는 듯하고 파티의 즐거움과 편안한 휴식이 잘 공존해 있다. 바로 이런 것들이 르누아르가 평생을 통해 추구한 예술 세계이다.

르누아르는 '인생은 끊임없는 유희'라고 했다. 낙천적인 르누아르는 늘 즐거운 장면만을 그렸다. 그는 불쾌한 것이 많은 세상에 또 불쾌한 것을 창조할 이유가 없다고 생각한 화가였다.

르누아르는 특히 여인들을 즐겨 그렸으며 모두 풍만하게 그렸다. 여성들

르누아르, 〈목욕하는 여인〉, 1888년, 캔버스에 유채, 115×170cm, 미국 필라델피아 미술관

의 취미 활동이라 할 수 있는 독서, 춤, 파티, 목욕 등을 주제로 많은 작품을 남겼다. 그의 작품들은 매우 대중적이어서, 도서관에는 〈독서하는 여인〉, 목욕탕에는 〈목욕하는 여인〉, 무도장에는 〈부지발의 무도회〉가 걸려 있는 경우가 많다.

르누아르는 다른 인상파 화가들과 달리 끊임없이 살롱전에서 입선하기를 기대하였고, 대중이 좋아할 그림을 그리고 대중의 취향을 파악하여 화풍을 발전시켰다. 여하튼 르누아르는 예술성과 대중성의 사이에서 크게 고뇌했던 화가는 아닌 듯하다. '대중이 즐기고 좋아하는 예술'이야말로 르누아르가 추구했던 예술적 가치가 아니었을까! 르누아르의 작품을 감상하다보면 대중을 외면한 채 예술을 위한 예술에 심취한 예술지상주의에 빠진 일부 화가들의 작품들을 다시 생각하게 한다._ *Renoir*

Chapter 5

경이로운
과학적 상상력

난류, 비너스의 탄생 에너지

사랑과 아름다움의 여신인 비너스를 그린 그림은 수도 없이 많다. 그 중에서도 보티첼리Sandro Botticelli, 1444~1510의 〈비너스의 탄생〉처럼 많이 회자되는 그림은 아마 없을 것이다. 보티첼리는 이탈리아어로 '작은 통'을 의미한다. 원래이름은 알렉산드로 디 마리아노 필리페피Alessandro di Mariano Filipepi였으나 몸이 통통했던 형의 별명 '보티첼리'가 나중에 그의 이름이 되었다.

보티첼리의 스승 필리포Fra Filippo Lippi, 1406~1469는 자기 딸에게 보티첼리의 이름을 따서 '알렉산드라'라고 부를 만큼 보티첼리를 아꼈다. 필리포는 원래수도원 사제였는데 피렌체 명문가의 딸이자 수녀인 루크레치아와 사랑에빠져 도피행각을 벌였고 위대한 화가로 추앙받는 '작은 필리포', 즉 필리피노 리피Filippino Lippi, 1457~1504를 낳았다. 필리포는 파계한 뒤에도 사제의 이름 앞에 붙이는 '프라'(Fra : '형제'라는 뜻)를 계속 사용하여 프라 필리포 리피라고자칭하였다.

보티첼리, 〈비너스의 탄생〉, 1486년, 캔버스에 템페라, 180×280cm, 이탈리아 피렌체 우피치 미술관

보티첼리는 스승 필리포가 죽은 뒤에 작은 필리포를 잘 가르쳐 위대한 화
가로 키워 내 스승의 사랑에 보답하였다.

그림 안에 공존하는 비너스의 과거와 미래

이 그림은 비너스 탄생에 관한 그리스 신화를 바탕으로 하고 있다. 하늘의
신 '우라노스'(Uranos)와 대지의 여신 '가이아'(Gaia)가 결혼하여 많은 자식
을 낳았다. 우라노스는 자식들이 자기를 밀어내고 왕의 자리를 차지할 것이
라고 생각하고 자식들을 죽이려 하였다. 그러자 아들 크로노스(Kronos)는 어

보티첼리, 〈비너스의 탄생〉 중 호라이 부분도(왼쪽)
푸생, 〈세월이라는 음악의 춤〉, 1635~40년경, 캔버스에 유채, 82.5×104cm, 영국 런던 월러스 컬렉션

머니 가이아의 성기 안에 숨어 있다가 아버지 우라노스의 성기가 들어오자 잘라서 바다에 던져 버렸다. 바다에서는 하얀 거품이 피어나고 그 거품 속에서 아름다운 여신 비너스(Venus)가 생겨났다. 비너스를 그리스어로 '아프로디테'(Aphrodite)라고 하는데 '아프로스'(aphros)는 그리스어로 '거품'이라는 뜻이다.

그림 왼쪽에는 입으로 바람을 불어 비너스와 조개를 바닷가로 밀어 온 서풍의 신 제피루스(Zephyrus)가 있다. 함께 있는 여신은 새벽의 여신 오로라(Aurora)이다. 오른쪽에서 비너스를 맞이하는 호라이(Horai)는 헤라의 시종이다. 호라이는 시간, 그 중에서도 봄을 나타낸다. 그녀의 옷에는 봄에 피는 꽃이 그려져 있다. 호라이는 푸생^{Nicolas Poussin, 1594~1665}의 그림 〈세월이라는 음악의 춤〉에도 제우스와 헤라의 마차 앞에 등장한다.

현대미술에서는 읽지 않고 단지 보기만 하거나 느끼기만 하면 되는 그림도 있지만, 고전미술에서 그림은 한 편의 시이고 소설이며 철학이자 과학이다. 따라서 화가의 메시지를 읽어야 한다. 〈비너스의 탄생〉에서도 읽을 내용이 많다.

우선 가장 중요한 것은 비너스의 나신이다. 사람의 신체라기보다는 조각 같은 느낌을 준다. 이것은 의도된 표현이다. 보티첼리는 고대의 〈베누스 푸디카(Venus Pudica)〉를 그대로 차용하여 비너스가 손으로 음부를 가리고 부끄러워하는 자세로 묘사하였다. 라틴어 '푸디카'는 현대 영어로 '정숙'을 뜻하는 'pudicity'라는 단어의 기원이다. 또한 몸을 S자로 약간 비틀어서 운동감과 자연스러운 육체의 아름다움을 나타내는 고전적 자세인 S-콘트라포스토(contrapposto)를 채용하였다.

이 그림에는 비너스를 상징하는 소품이 네 가지 등장한다. 가장 중요한 것은 '조개껍데기'이다. 서양에서도 동양과 마찬가지로 조개는 생명을 잉태할 수 있는 여성이나 여성의 성기를 상징한다.

〈베누스 푸티카〉, BC300~200년경, 높이:193cm, 이탈리아 로마 카피톨리네 미술관

보티첼리, 〈네 천사와 여섯 성인과 함께 있는 성모자 _성 바르나바 사원〉, 1488년, 패널에 템페라,
167×195cm, 이탈리아 피렌체 우피치 미술관

조개껍데기는 보티첼리가 성 바르나바 사원을 그린 작품 〈네 천사와 여섯
성인과 함께 있는 성모자 _성 바르나바 사원〉에서 성모 마리아 머리 위에 뒤
집어진 형태의 아치 모양으로 다시 한 번 사용된다.

다음으로는 '붉은 장미'이다. 오로라는 장미꽃을 뿌리고 있다. 장미의 붉
은색은 비너스의 탄생이 피와 관련 있음을 나타낸다.

세 번째는 왼쪽 아래에 있는 부드러운 솜털을 가진 고랭이풀이다. 이는 날

씬하고 가냘픈 비너스의 육체와 풍성한 머리털을 상징한다.

네 번째는 호라이 밑에 있는 작은 꽃, 즉 아네모네(anemone)이다. 이 꽃에는 전하는 이야기가 있다. 비너스가 미소년 아도니스(Adonis)와 사랑에 빠졌다. 그러자 비너스의 또 다른 애인인 전쟁의 신 아레스(Ares)가 질투를 하여 아도니스를 죽였는데 그 자리에서 꽃이 피었다. 그 꽃이 바로 아네모네다.

이 그림에는 비너스의 탄생뿐 아니라 나중에 비너스에게 일어날 일을 함께 그렸는데, 화가들은 이렇게 시간상 함께 있을 수 없는 과거와 미래를 한 화면에 동시에 그리는 기법을 자주 쓴다.

비너스의 얼굴은 〈네 천사와 여섯 성인과 함께 있는 성모자 _ 성 바르나바 사원〉에서의 성모 마리아 등 보티첼리의 그림에 여러 번 등장하는데 그가 짝사랑했던 여인의 모습이라는 이야기가 있다. 그가 평생 결혼을 하지 않았던 이유도 그녀 때문이라고 한다.

에너지를 보존하여 비너스를 탄생시키다

〈비너스의 탄생〉은 캔버스 위에 템페라로 그린 것이다. 1400년에 출간된 세니니Cennino Cennini, 1370~1440의 『공예 핸드북』에서 "좋은 템페라를 위해서는 시골 닭의 달걀은 색이 너무 밝으므로 도시에서 기르는 닭의 달걀을 사용하는 것이 좋으며, 완성 후에 흰자를 얇게 칠해 주면 보호막도 되고 프레스코와 같은 효과를 낸다"는 구절이 나온다. 아마 보티첼리도 이에 따랐을 것이라 생각된다.

보티첼리는 색채 사용에 매우 능숙하였다. 전체적으로 부드러우면서도 비너스를 돋보이게 하는 보색 관계의 색조를 사용하였다. 빨강과 녹색은 보색 대비인데 여기서는 빨강의 온건색인 분홍과 채도가 낮은 어두운 녹색을 사용하여 보색의 강조 효과와 부드럽고 우아한 효과를 모두 얻고 있다.

후대 화가들에게 미의 표준으로 큰 영향을 미친 보티첼리의 비너스는 자세히 보면 다소 이상한 점이 있다. 목이 기형적으로 긴 데다 어깨선의 각도도 너무 세워져 있다. 이런 체형은 실제로 존재하지 않는다. 그러나 이런 변형 때문에 특별한 미적 감동을 느끼게 된다.

자세도 앞으로 쓰러질 듯 약간 이상하다. 비너스가 앞으로 걸어 나오는 순간을 그렸는데 운동감은 전혀 느껴지지 않고 마치 동영상의 정지 화면 같은 모습이다. 그것은 비너스의 얼굴이 전면을 향하고 있기 때문이다. 반면 호라이나 제피루스도 운동하는 순간을 그렸으나 정지 화면 같지 않고 운동감을 느낄 수 있다. 그들의 얼굴은 운동 방향을 향하고 있기 때문이다. 보티첼리는 이같이 비너스에게 여러 독특한 요소를 가미하여 우리의 시선을 강하게 끌어 모은다.

보티첼리는 조개껍데기 바로 밑의 물결에서 대단한 '난류'(turbulence)를 표현하였다. 바다 물결을 V자 형태로 그렸는데 먼 바다에 있

보티첼리, 〈비너스의 탄생〉중 비너스 부분도

는 물결은 작고 규칙적이지만 조개 밑에 와서는 뒤틀린 난류가 되었다. 쓰나미(Tzunami)는 깊은 바다에서는 작지만, 바닥이 얕은 바닷가에 가까워지면 보존된 에너지가 엄청난 크기의 파동 에너지로 나타난다.

크로노스의 분노가 에너지로 보존되어 파동의 물결을 만들고,

보티첼리, 〈비너스의 탄생〉 중 V자 바다 물결 부분도

기둥(크로노스가 잘라서 바다에 던진 아버지의 성기) 주위에 만들어진 난류가 거품을 형성했다. 그 거품에서 비너스가 탄생했다. 에너지는 보존되며 전환하는 것이니 결국 난류 에너지가 비너스의 탄생 에너지로 전환한 셈이다. _ *Botticelli*

보슈
Hieronymus Bosch

500년 전의 기괴한 SF

〈쾌락의 동산〉이라는 3단 제단화(Triptychs Altarpieces)는 산만함을 너머 기괴하기까지 한 초현대적인 뉴에이지 같은 인상을 준다. 그러나 이 그림은 르네상스도 아직 깨어나지 않았던 고딕 후기에 해당하는 1500년경에 그려진 것이다. 이 그림을 그린 히에로니무스 보슈Hieronymus Bosch, 1450~1516와 같은 시대에 활동한 화가가 에이크, 다 빈치 등임을 생각하면 얼마나 파격적인 그림인지 상상도 할 수 없을 정도이다.

세기를 뛰어 넘는 천재라는 다 빈치도 상상력에서는 보슈를 넘어서지 못했다. 〈쾌락의 동산〉에서는 예술적인 아름다움을 느끼기도 쉽지 않고, 초현대적 SF(공상과학) 영화의 한 장면 같기도 하고, 마법적 연금술 설명서 같기도 하다. 작은 부분을 자세히 들여다보면 화가의 수많은 발명품에 더욱 놀라게 된다.

베일에 싸인 화가

보슈의 본명은 제롬 반 아켄Jerome van Aken이다. 생애에 관하여는 알려진 것이 극히 적다. 그의 가족이 거의 전 생애를 플랑드르의 헤르토겐보슈(Hertogenbosch)에서 살았다고 알려졌지만 성이 아켄(Aken)인 것으로 보아 아마도 조상은 독일 아헨(Aachen) 지방 출신일 것으로 여겨진다.

보슈에 대한 기록은 1430년경 성모형제회(Brotherhood of Mary : 기독교의 한 종파) 활동 이후부터 조금씩 나타난다. 할아버지 얀 반 아켄Jan van Aken은 다섯 아들을 두었으며 1453년 사망했다. 다섯 아들 중 최소한 네 명이 화가로 알려졌고, 보슈는 그 중 한 명인 안토니우스 반 아켄Anthonius van Aken의 3남 1녀 중 한 명으로 1450년에 태어났다. 형제인 구센Goossen도 화가였다고 한다. 1480년경에 알레이트 고예트 반 덴 메르벤이라는 명문 부호의 규수와 결혼하였으나 자식은 없었던 듯하다. 1516년 8월 9일 장례식을 치른 기록이 성모형제회에 남아 있다.

보슈가 어디서 미술을 공부했는지, 누구에게 배웠는지에 대한 기록은 전혀 없다. 화풍도 당시의 플랑드르 화가 누구와도 연관지을 사람이 없기 때문에 더욱 베일에 가려져 있다. 보슈라는 이름도 그가 살던 도시인 헤르토겐보슈에서 나온 것이라고 추측한다.

보슈가 몇 점이나 되는 작품을 남겼는지도 확실하지 않다. 다만 일곱 점만 그의 서명이 있고, 서명은 없지만 화풍과 여러 정황으로 보아 그의 작품으로 확실시되는 작품이 마흔 점 가까이 된다.

보슈가 그림을 그린 당시에 유럽은 흑사병과 자연재해, 전쟁 등으로 종말론이 횡행하였고, 각종 마법사와 이단종교가 유행하고 마녀사냥 등의 유혈

보슈, 〈쾌락의 동산〉, 1500년, 패널에 유채, 양쪽:220×195cm, 중앙:220×390cm, 스페인 마드리드 프라도 미술관

폭동도 빈번한 세기말적인 분위기였다.

　보슈는 종교적인 교훈을 담은 그림을 주로 남겼는데, 그것이 자신이 속해 있던 특정 종교집단의 영향 때문이었는지, 세인을 계몽하려는 개인적 의도 였는지, 아니면 자신의 신앙생활을 위한 고백적 카타르시스였는지 확실치 않다.

SF 영화의 한 장면 같은 그림

보슈의 작품 중에는 3단 제단화 형태의 작품이 유독 많은데 아마도 종교적 교훈을 담기에 적당했기 때문인 듯하다. 3단 제단화는 성당 제단을 장식한 그림을 말한다. 가운데 판(그림 중 D 부분) 양쪽에 경첩을 단 두 판(A와 B 부분) 이 덮이는 형태인데, 펼치면 가운데의 큰 그림과 좌우 양쪽으로 그 반 크기 의 그림이 하나씩 연결된다(C와 E 부분).

　〈쾌락의 동산〉은 성당의 제단을 장식하기에는 적당치 않은 내용인 것으로 보아 당시 부호들의 주문에 따라, 또는 자신의 개인적 표현 욕구로 제작한

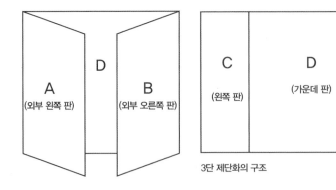

3단 제단화의 구조

작품으로 생각된다. 우선 겉판을 덮었을 때 나타나는 그림은 천지창조 제3일의 광경이다. 평평한 지구는 이제 막 창조된 바다와 육지로 나뉘져 형태를 갖추었고, 하늘과 구름이 둥근 구의 형태로 둘러싸고 있다.

왼쪽 판(A 부분)과 오른쪽 판(B 부분)을 닫은 상태의 그림

덮인 두 판을 펼치면 세 그림이 나오는데 왼쪽 판(C 부분)은 에덴동산, 가운데 판(D 부분)은 쾌락의 동산, 오른쪽 판(E 부분)은 지옥을 나타낸다. 과거-현재-미래의 형태를 취하고 있다. 하나님이 세상을 창조하셨는데

(과거:왼쪽 판 C), 인간들이 쾌락에 빠져 지내면(현재:가운데 판 D) 나중에 지옥의 심판(미래:오른쪽 판 E)을 받는다는 구성이다.

왼쪽 판 C의 아래 가운데를 보면 에덴동산에서 모든 동·식물과 아담을 창조한 하나님이 이브를 아담과 맺어 주고 있다. 금단의 열매를 맺는 생명나무는 아담 뒤쪽에 토실토실하게 빨간 열매를 맺고 있고, 뱀이 감고 있는 것으로 알 수 있는 지혜의 나무는 가운데 오른쪽에 있다.

에덴동산에 있는 금단의 나무는 두 개인데 생명나무와 지혜의 나무다. 생명과 지혜는 무슨 관계인가? 기독교에서 참된 지혜는 생명인 하나님으로부

왼쪽 판 C의 부분도
: 약육강식 및 생명샘 묘사

가운데 판 D 부분에 묘사된 '금단의 열매와
부엉이' 그리고 '유리 거품'

터 나온다. 보슈는 "지혜는 그 얻는 자에게 생명나무라"(「잠언」 3장 18절)는 구절을 그림으로 표현하였을 것이다. 에덴은 하나님이 창조하신 완벽한 모습 그대로이기 때문에 평화와 기쁨만 있다.

그러나 아래 왼쪽에서는 새가 개구리를 삼키고, 고양이가 쥐를 잡아먹고, 오른쪽 위에서는 사자가 사슴을 잡아먹고 있다. 이제 막 천지창조를 마친 순간인데 타락의 결과인 약육강식이 이미 나타나고 있다. 이 세상은 원래부터 타락할 수밖에 없는 것일까?

보슈는 가운데에 있는 생명샘을 마치 기계 장치 같은 형태로 창안하였고, 가운데 구멍에는 지혜의 상징인 부엉이를 그려 넣었다. 무슨 뜻일까?

가운데 판의 쾌락의 동산을 보면 빨간 열매가 많이 보이는데, 중세 때 열매를 따고 먹는다는 말은 성행위를 뜻하였다. 사람들이 금단의 열매를 손에

들고, 머리에 이고, 먹고 있다. 오른쪽 아래의 한 쌍은 육체의 쾌락에 빠져서 지혜(부엉이로 나타남)를 보는 눈이 가려져 있다. 왼쪽 아랫부분에 곧 깨질 것 같은 유리 거품 안에서 즐기고 있는 연인들이 보이는데, 이것은 플랑드르 속담 중의 "쾌락은 유리와 같이 깨지기 쉽다"를 나타낸다.

D의 가운데 부분에 묘사된 '쾌락의 목욕탕'과 그 위 부분에 묘사된 '쾌락의 탑'

그림 가운데 호수에서는 타락의 상징인 목욕판이 벌어지고, 그 주위를 사람들이 동물들을 타고 도는데 그것도 성애의 쾌락에 빠지는 것을 상징한다. 그 바로 아래에 말 탄 사람 머리 위에 달걀이 올려져 있는데 이것은 인간의 쾌락이 달걀과 같이 얼마나 깨지기 쉬운 것인가를 나타낸다.

쾌락의 동산에도 보슈가 창안한 독특한 쾌락의 탑이 등장하고, 지구의 네

E의 아래 부분에 묘사된 '식인새'와 위 부분에 묘사된 '유황불'

모퉁이도 기묘한 형태의 탑들로 장식하였다. 구조가 대단히 그로테스크하고 독창적이다.

오른쪽 판(E 부분도)의 지옥을 보자. 전체적으로 색채가 우중충하다. 위쪽 풍경은 유황불로 덮인 전형적인 지옥을 나타낸다. 보슈가 창안한 이 기괴하고 음침한 분위기의 풍경은 엘 그레코El Greco, 1541~1614에게 영향을 주었을 것이다. 귀 두 개에 칼을 끼운 기괴한 마차가 사람들을 짓밟고 있으며, 그 아래에는 거인의 몸통이 쪼개어져 열린 내부에 식탁을 차린 비이성적이고 초현실적인 구조물이 그려져 있다. 악기에 매달려 고통받는 사람들은 쾌락에 빠져 지낸 사람들에게 주는 형벌을 상징한다. 오른쪽 아래에는 보슈가 창조한 가장 그로테스크한 지옥의 식인새가 등장하는데, 사람을 통째로 먹고 있는 새의 머리에는 커다란 냄비가 씌워져 있다. 이것은 과식한 죄에 대한 형벌이다.

이 그림의 수많은 부분을 자세히 들여다보면서 느끼는 탐구의 즐거움은 일반인이나 미술 애호가들이 명화에서 느끼는 감상의 즐거움과는 다소 다르다. 이 그림은 미술사에서 대단한 의미를 갖는다. 보슈는 플랑드르의 주요

화가 중 한 명이었다. 당
시의 플랑드르는 새로
부상한 상인 계급의 영
향으로 성인(聖人)과 신
화 일변도이던 그림의
소재를 일반인과 일상생
활로 바꾸는 개혁을 일
으키며 세계 미술의 물
길을 바꾸고 있었다.

보슈는 이 그림에서
생명샘이나 유리 거품처
럼 『성경』 구절이나 속
담을 형상화하는 장르를
열었다. 이는 곧 나타날

그레코, 〈톨레도의 풍경〉, 1597~99년경, 캔버스에 유채,
121×108cm, 미국 뉴욕 메트로폴리탄 미술관

속담화의 대가 브뤼헐로 이어진다.

이 그림은 당시로서는 최첨단인 유화 그림이다. 이탈리아가 아직 미술의
중심이지만 표현에 제한적인 템페라화에 머물러 있을 때, 플랑드르는 에이
크를 중심으로 새로운 기법인 유화를 발달시키며 미술사에 중요한 획을 그
었다.

보슈는 결코 시대에 뒤떨어진 고립주의자는 아니었으나 그의 그림에는
당시 매우 중요시되던 원근법이 보이지 않는다. 이 그림이 그려지기 반세기
전에 우첼로Paolo Uccello, 1397~1475가 그린 그림에는 원근법이 아주 노골적으로 실

우첼로, 〈산로마노의 전투〉, 1436년, 패널에 템페라, 182×317cm, 영국 런던 내셔널 갤러리

이 작품에서 땅에 놓인 창들의 방향이 의도적으로 원근법의 소실점으로 향하도록 놓여 있다.

험되고 있다. 전투 중에 우연히 땅에 떨어진 창들의 방향이 원근법의 소실점으로 향하도록 의도적으로 묘사했다.

보슈도 당시 이미 보편화된 원근법을 몰랐을 리 없다. 그가 즐겨 사용한 3부작 제단화에서 나타나는 과거-현재-미래를 관통하는 파노라믹한 시선은 곧 세상을 내려다보는 하나님의 시선과 일맥상통한다. 시공을 초월하는 신의 시선으로 보면 지상의 어느 곳에도 원근이 있을 수 없다는 그의 신앙을 표현한 것으로 생각된다.

보슈는 후대에 엄청난 영향력을 끼쳤다. 심리학자 융Carl Gustav Jung, 1875~1961은 보슈를 "괴물의 창조자, 무의식의 발견자"라고 불렀다. 보슈는 상상에서나 가능한 세계를 파격적으로 그렸다. 세기를 뛰어 넘는 그의 상상력은 400년이나 후에 일어난 다다이즘과 초현실주의에게 영감을 주었다. _ *Bosch*

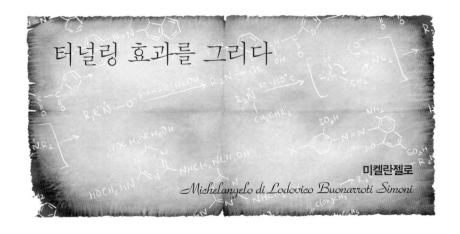

터널링 효과를 그리다

미켈란젤로
Michelangelo di Lodovico Buonarroti Simoni

"여호와 하나님이 땅의 흙으로 사람을 지으시고 생기를 그 코에 불어넣으시니 사람
이 생령이 되니라" _「창세기」 2:7

미켈란젤로의 대작 〈아담의 창조〉는 제목 그대로 하나님이 아담을 창조하
시는 장면이다. 『성경』의 기록을 보면 하나님은 흙으로 아담을 지으시고 코
에 생기를 불어넣어 생명체가 되게 하셨다. 이 내용은 수많은 예술가들에게
영감을 주어 많은 작품이 태어났다. 그런데 화가들은 하나님이 아담을 창조
하시는 과정을 어떻게 표현해야 할지 알 수 없었다.

신과 인간 사이에 발생하는 터널링 교감
미켈란젤로는 코로 생기를 불어 넣는 작업을 아주 과학적으로 표현했다. 그

가 전자공학을 알 리가 없었을 터인데 터널링(tunneling) 효과를 그린 것이다. 그리고 이 그림과 비슷한 장면이 스필버그의 영화 〈ET〉에 등장한다. 스필버그는 아마 미켈란젤로의 그림에서 영감을 얻었을 것이다.

미켈란젤로의 〈아담의 창조〉 중 손가락 부분도와 이 그림을 패러디한 것으로 보이는 스필버그의 영화 〈ET〉의 한 장면

ET와 인간이 교감을 나누는 장면에서와 마찬가지로 미켈란젤로도 두 손가락을 접촉시키지 않았다. 부하된 전압이 매우 높고 조건이 맞으면 도체 사이의 간격이 떨어져 있어도 전자가 건너뛰며 이동한다. 이것을 터널링 효과라고 하는데 에너지가 클수록 터널링이 잘 일어난다. 하나님의 엄청난 에너지는 터널링 효과를 일으켜 손가락 사이가 떨어졌음에도 불구하고 아담의 몸에 생기를 불어 넣으신 것이 아닐까?

한편, 미켈란젤로가 이 작품에 그린 아담은 너무도 훌륭한 육체를 가지고 있다. 전지전능한 하나님이 창조하였으므로 완벽해야 한다. 부드러우면서도 강인한 근육을 아주 잘 표현하였다. 그런데 하나님의 모습을 본 자도 없고 볼 수도 없기 때문에(「출애굽기」 33:20) 그릴 수가 없다. 그러나 하나님의 형상이 사람과 닮았다는 성경 말씀(「창세기」 1:27)에 의거하여 미켈란젤로는 하나님을 수염이 가득 난 건장한 남자로 표현하였다.

미켈란젤로,
〈아담의 창조〉,
1510년, 프레스코,
280×570cm,
바티칸 시스티나 성당

미켈란젤로,
⟨천지창조⟩,
1508~12년경,
프레스코,
바티칸 시스티나 성당

"네가 내 얼굴을 보지 못하리니 나를 보고 살 자가 없음이니라."_「출애굽기」
33:20)

"하나님이 자기 형상 곧 하나님의 형상대로 사람을 창조하시되 남자와 여자를 창조
하시고."_「창세기」1:27

미켈란젤로는 이렇게 창조된 아담과 하나님의 육체를 이상적으로 아름답
게 표현했다. 작품 속 울퉁불퉁한 근육질의 육체는 그림 같지 않고 마치 조
각처럼 보인다. 그는 화가라기보다 조각가에 가까웠다. 그래서 그의 그림에
나오는 모든 인물의 형태는 하나하나가 마치 조각 작품과 같다.

르네상스 미술의 집성지

〈아담의 창조〉는 바티칸 시스티나 성당의 천장에 있는 프레스코화 〈천지창
조〉의 한 부분이다. 〈천지창조〉가 천장 위를 장식하고 있고, 그 주위를 〈이스

시스티나 성당 내부 전경

라엘의 선지자들〉이 둘러싸
고 있다. 기둥과 천장의 삼각
부분 8개에 〈예수의 조상들〉
이 배치돼 있고, 네 모서리의
삼각 부분에 〈이스라엘의 영
웅들〉로 구성되어 있다. 가운
데 아홉 폭의 〈천지창조〉는
창조의 첫날 빛의 창조에서

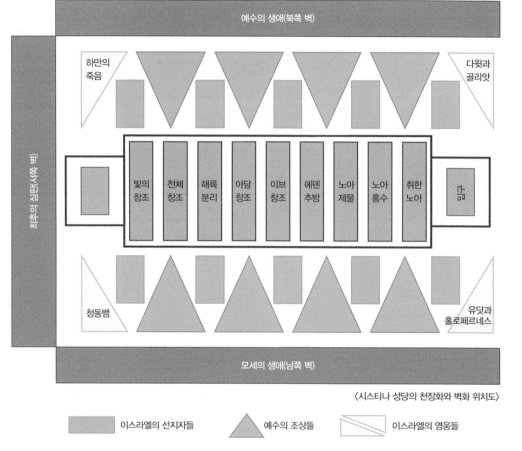

예수의 생애(북쪽 벽)

하만의 죽음

다윗과 골리앗

최후의 심판(서쪽 벽)

| 빛의 창조 | 천체 창조 | 해륙 분리 | 아담 창조 | 이브 창조 | 에덴 추방 | 노아 제물 | 노아 홍수 | 취한 노아 |

입구

청동뱀

유딧과 홀로페르네스

모세의 생애(남쪽 벽)

〈시스티나 성당의 천장화와 벽화 위치도〉

이스라엘의 선지자들   예수의 조상들   이스라엘의 영웅들

시작하여 술 취한 노아로 끝난다. 〈아담의 창조〉는 〈천지창조〉 중에서 네 번째 그림이다.

시스티나 성당은 성 베드로 광장 뒤편에 있다. 이곳은 교황을 선출할 때 추기경들이 모여 선거하는 곳으로도 유명하다. 건축가 바치오 폰텔리가 설계하고 조반니 데 돌치Giovanni di lietro de' Dol'ci가 1473년에 짓기 시작해 1483년에 완공했다. 『구약성경』에 나오는 솔로몬 대성당과 그 규모가 완전히 똑같은 장방형 건물로 지어졌다(길이:40.9m, 넓이:13.4m, 높이: 20.7m). 성당 내부 천장과 벽에는 르네상스 최고 화가들의 작품이 총망라되어 있다.

교황 식스투스 4세Sixtus IV, 1414~1484는 이탈리아 최고의 예술가들인 보티첼리, 디 코시모, 기를란다요Domenico Ghirlandajo, 1449~1494, 시뇨렐리Luca Signorelli, 1450~1523, 페루지노Pietro Perugino, 1450~1523 등으로 하여금 성당 내부 남쪽 벽에 〈모세의 생애〉와 북쪽 벽의 〈예수의 생애〉를 그리도록 지시하였다. 그리고 얼마 뒤 1508년 5월경, 교황 율리우스 2세Julius II, 1443~1513가 미켈란젤로를 시켜 천장벽화를 그리게 하였다. 그 후 바오로 3세는 다시 미켈란젤로로 하여금 서쪽 벽에 〈최후의 심판〉을 그려 넣게 하여 인류 최고의 유산을 완성하였다. 말하자면 시스티나 성당 안에는 구약과 신약을 망라한 『성경』 전체가 여러 예술 작품으로 구현되어 있다.

미켈란젤로가 〈다비드〉 위에 올라가 돌가루를 뿌린 이유

미켈란젤로는 1475년 3월 6일 이탈리아 피렌체 근교 카프레세에서 관리의 아들로 태어났다. 그는 어릴 적부터 당시 최고의 화가인 기를란다요의 공방에 들어가 도제 수업을 받으며 예술가로서의 재능을 키워갔다.

미켈란젤로는 열네 살 되던 해에 당시 피렌체의 정치적·경제적 실권을 쥐고 있던 메디치가의 '위대한 로렌초'Lorenzo de'Medici il Magnific, 1449~1492의 눈에 들어 메디치가에 체류하게 된다. 그는 이곳에서 『성경』을 공부하고, 메디치가를 드나드는 수많은 학자나 예술가 들과 교류하는 기회를 얻는다. 또 메디치가

에 소장된 다양한 예술 작품들을 접하면서 예술적 견문을 넓히게 된다. 아울러 그는 사체 해부를 해보는 매우 유니크한 경험을 하기도 한다. 이는 훗날 인간의 육체를 실감나게 묘사하는 데 밑바탕이 된다.

당시 메디치가는 미켈란젤로뿐만 아니라 보티첼리, 다 빈치 등 당대 최고의 예술가들을 후원하고 있었다. 메디치가의 비호 아래 1496년 로마로 진출한 미켈란젤로는 조각상 〈바쿠스〉를 제작하였고, 1499년에는 그의 최고 작품 중 하나로 꼽히는 〈피에타〉를 완성하였다.

1501년 피렌체로 돌아온 미켈란젤로는 시청으로부터 〈다비드〉 조각 작품을 의뢰받아 제작에 착수하게 된다. 〈피에타〉와 함께 미켈란젤로 최고의 조각 작품으로 꼽히는 〈다비드〉는 1504년에 완성되어 피렌체 시청 앞을 장식하면서 지역을 대표하는 상징물로 보존된다.

한편, 〈다비드〉 제작 과정에는 당시의 정치적 상황이 그대로 반영되어 있다. 피렌체는 메디치가의 지배에서 벗어나 독립공화국으로 자리매김하게 된다. 그러자 미켈란젤로는 오랜 후원자인 메디치가를 떠나 공화국 편으로 돌아서게 된다. 미켈란젤로가 정치적 정체

미켈란젤로, 〈피에타〉, 1499년, 대리석, 높이:174cm, 바닥 넓이:195cm, 바티칸 성 베드로 대성당

성을 바꾼 뒤 제작한 〈다비드〉는 4미터가 넘는 거대한 영웅 상으로, 당시 공화국의 권세를 그대로 보여준다.

당시 미켈란젤로에게 〈다비드〉를 의뢰한 시청의 실력자가 제작 과정에서 작품을 보러 와서 코가 너무 크다고 불평한 적이 있었다. 그러자 미켈란젤로는 〈다비드〉에 사다리를 놓고 올라가 코를 끌로 깎는 시늉을 하며 미리 손에 쥐고 간 돌가루를 조금씩 흘렸다고 한다. 그러자 그 사람은 만족하여 돌아갔다고 한다. 예술가의 신념을 꺾지 않으면서 고객까지 만족시킨 미켈란젤로의 현명함이 돋보이는 일화이다.

메디치가의 보호 아래 있다가 공화국으로 등을 돌린 미켈란젤로와 교황이 사이가 좋을 리가 없었다. 그래도 교황의 명령을 거역하기는 힘들었을 것이다. 아무튼 조각을 천직으로 알고 회화가 조각보다 열등하다고 공언하던 그가 프레스코화를 천장에 그리기 위해 사다리 위에 누워서 오랜 작업을 해야 하는 일을 달가워했을 리 없다. 교황 율리우스 2세는 그런 미켈란젤로에게 거의 반강제로 시스티나 성당 천장화 작업을 명령하였고, 그는 약 4년 동안 천장에 설치된 사다리 위에서 힘들게 작업하여 서른일곱 살이 되던 1512년에 불후의 명작 〈천지창조〉를 완성하였다. _Michelangelo

미켈란젤로, 〈다비드〉, 1504년, 대리석,
높이:434cm, 이탈리아 피렌체 아카데미아 미술관

터널링 효과와 조셉슨 효과

길 중간에 큰 산맥이 가로막고 있다면 차들은 통과하지 못할 것이다. 그러나 양자의 세계에서는 이 산맥을 뚫고 통과할 확률이 존재한다. 마치 산맥에 터널을 뚫고 지나가는 것처럼. 그래서 터널링 효과 또는 터널 효과라 부른다. 양자란 에너지를 가진 최소단위체를 부르는 물리학 용어이다. 양자물리학에서 말하는 양자는 입자성과 파동성을 함께 갖는다. 파동은 에너지를 갖는다. 그러므로 물질인 입자와 에너지인 파동이 상호 교환될 수도 있다는 의미이다. 고전물리학으로는 절대 통과할 수 없는 장애물도 양자물리학에서는 마치 터널을 뚫고 지나가는 것처럼 통과하는 양자가 존재할 확률이 있다는 의미이다. 전자파도 일종의 양자다. 전기회로를 끊어 놓은 부분은 마치 길이 장애물로 막힌 것과 같다. 그러나 전류가 끊어진 전선을 뛰어 넘어 또는 터널을 뚫고 건너 갈 확률은 존재한다.

온도가 아주 낮을 때 저항이 거의 없어지는 현상을 초전도현상이라고 한다. 운동량과 스핀이 역방향인 두 전자 상호간의 결합으로 저항이 없어진 전류를 만들어 낸다. 이렇게 되면 에너지 장벽을 통과하여 터널링 현상이 일어나는데, 이것을 발견한 과학자인 조셉슨 Brian David Josephson의 이름을 따서 조셉슨 효과라고 부른다.

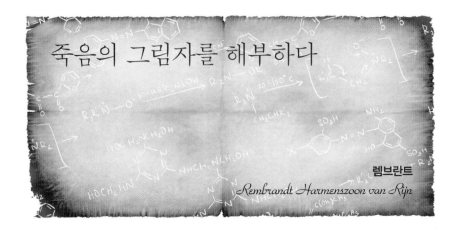

죽음의 그림자를 해부하다

렘브란트
Rembrandt Harmenszoon van Rijn

명화는 완벽하게 복사할 수 있다고 해도 위대한 작가의 일생과 영혼까지 복사하지는 못한다. 특히 회화의 거장들의 경우에는 더욱 그러하다. 아주 짧은 시간에 그린 작품이라도 그 화가의 일생과 그림을 공부하며 쏟은 땀과 시간의 결정체이기 때문에 제작에 소요된 시간만으로 가치를 논하는 것은 부질없는 짓이다.

죽음의 그림자가 떠나지 않은 화가의 삶

렘브란트는 진정한 거장이다. 그의 철학과 인생을 떼어 놓고 그의 작품만을 감상할 수는 없다. 그는 1606년 7월 15일에 네덜란드의 대학도시 레이덴에서 태어났다. 열네 살 때 레이덴 대학에서 라틴어를 공부했는데 그보다는 그림에 관심이 더 많았다.

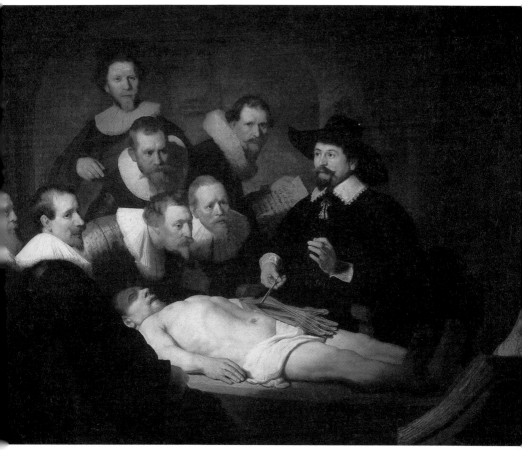

렘브란트, 〈해부학 강의〉, 1632년, 캔버스에 유채, 169×216cm, 네덜란드 헤이그 모리츠이스 미술관

레이덴에서 스완넨부르크Jacob van Swanenburgh, 1571~1683에게 그림을 배우고, 암스테르담에 가서 라스트만Pieter Lastman, 1583~1633에게 그림을 배웠다. 스승 라스트만은 이탈리아의 화려한 색채를 구사하는 화풍이었으나 렘브란트는 일찍이

거기에 자신만의 빛의 해석을 더하였다.

렘브란트는 열여덟 살 때부터 화실을 열고 본격적으로 화가 생활을 시작하였으며 초기에는 다른 화가들과 마찬가지로 초상화가로 이름을 떨쳤다.

〈해부학 강의〉가 화단의 호평을 받으면서 렘브란트의 이름이 네덜란드를 넘어 전 유럽에 유명해졌다. 렘브란트로서는 당시가 최절정기로 명예와 함께 부도 얻게 되었으며, 1634년에는 암스테르담의 명문 부호의 딸이자 화랑 중개인의 조카인 사스키아(66쪽)와 결혼하였다.

사스키아는 화려하고 명랑한 성격이었으며, 그녀와의 행복한 결혼 생활은 렘브란트의 그림에 따뜻하고 화려하고 밝은 영향을 주었다. 그러나 그녀는 세 아이를 질병으로 연이어 잃고, 다시 아들 티투스를 낳은 이듬해인 1642년에 세상을 떠났다.

렘브란트의 최대 걸작 〈야경〉(61쪽)은 바로 그해에 그린 그림이다. 이 그림은 단체초상화인데 이미 불행의 그림자가 짙게 덮어 누르던 시기에 그려진 까닭에 의뢰인이 주인공들을 아름답고 권위 있게 그려 주기를 바랐던 의도와는 다르게 내면의 깊이가 드러나, 결국 이 그림을 주문한 사수협회에서 구입하기를 거절하고 말았다. 이후 그는 화단에서 급격하게 인기가 떨어지며 주문이 들어오지 않아 경제적으로도 어려워졌다.

렘브란트는 집에서 가사 일을 도와주던 헨드리케와 함께 살았는데 그녀와 재혼하면 사스키아의 유산을 모두 포기해야 했으므로 정식으로 결혼은 하지 못하는 상태였다. 그녀는 그의 그림에 모델로 자주 나타난다. 그녀는 따뜻하고 조용한 성품을 지닌 여자여서 이 시기의 렘브란트의 그림 분위기도 좀 더 조용하고 내면의 깊이로 들어가는 듯하다.

1663년 렘브란트의 유일한 생의 지지자인 헨드리케가 죽고, 1668년 그가 가장 아끼는 분신 같은 아들 티투스도 죽었다. 그 이듬해 추운 가을날 렘브란트도 쓸쓸한 생을 마감하였다. 그가 죽을 무렵에는 주위에 아무도 없었으며 사스키아가 물려준 집도 이미 오래전에 남의 손에 넘어가고 오직 침대와 이불과 옷가지 몇 점 그리고 미술도구 몇 점이 전 재산이었다고 한다.

렘브란트의 진정한 예술성을 보여주는 작품들은 대부분 1642년, 즉 사스키아가 죽고 〈야경〉이 거절된 이후 아주 어려운 시기의 것들이다. 그의 작품들은 그가 죽은 지 채 100년도 안 되어 세계 최고의 명작으로 인정받게 되었다.

죽은 자에 대한 경외감을 잃지 않은 화가

〈해부학 강의〉의 중심에 놓인 주제는 시체다. 시체의 주인공은 교수형으로 죽은 사형수다. 원래 중세 시대에는 교회가 힘이 막강하여 신의 창조물인 인간의 몸을 해부하는 것을 금지하였으며 특별한 경우만 허가하였다. 그것도 공중에 공개하여야 했고 검시장에 들어가려면 입장료에 해당하는 돈을 내야 했다.

그러나 이 그림이 그려지던 17세기만 해도 교회의 힘이 약해져 공공연히 해부가 이루어졌다. 실제로 다 빈치 같은 화가는 30회 이상 해부를 관찰했고 직접 한 것도 10회 이상이라고 알려져 있다. 그래도 해부의 원칙은 지켜졌다. 첫째, 그 장소에서 웃음은 절대금지였다. 그것은 신성모독이었다. 둘째, 해부된 부분을 다른 곳으로 옮길 수 없었다.

이 그림에서 한 가지 이상한 점은 배는 열지 않고 팔만 열어 놓은 것이다.

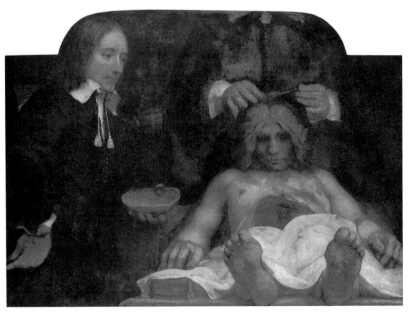

렘브란트, 〈존 데이만 박사의 해부학 강의〉, 1656년, 캔버스에 유채, 100×134cm,
네덜란드 암스테르담 국립 미술관

이런 일은 불가능했다. 검시는 배부터 여는 규칙이 있었으며 이 사실은 해부를 그린 모든 그림에서 동일하다. 렘브란트가 이 그림을 그린 24년 뒤에 그린 해부 그림인 〈존 데이만 박사의 해부학 강의〉에서도 배부터 열려 있다. 당시의 검시에서도 틀림없이 배부터 열었을 것이다.

화가는 꼭 사실만을 그리지는 않는다. 사실주의자라 해도 사실만 그리는 것은 아니다. 사실을 넘어서는 것이 관념이며 사상이다. 신앙이 돈독했던 렘브란트에게는 비록 죄수라 할지라도 신의 영혼이 깃들었던 인간의 몸은 성전이었다. 성전을 여는 것은 하나님의 영역으로 들어가는 것이다. 오히려 그는 손을 절개함으로써 더욱 깊은 신앙을 나타냈다. 하나님의 손이 천체를 운행한다. 마찬가지로 인간의 손이 사람을 움직인다. 성전을 손상하지 않고 인간의 손만 절개하여 변함없는 신의 권능을 나타내려 한 것이다.

해부된 팔의 정확도는 현대 의학자들도 감탄할 정도라고 한다. 과학적인 정밀성과 둘러선 사람들의 권위를 위하여 당시의 해부학 교과서가 오른쪽 아래에 펼쳐져 있다.

이 그림에서 해부를 하는 의사 툴프Nicolaes Tulp는 본명이 클래스 피테르손이다. 그의 아버지가 꽃경매상이었으며 네덜란드의 대표적 꽃이 튤립(tulip)인 것을 생각하면 의사의 별명이 튤립에서 단 한 자만 뺀 Tulp가 된 것이 우연은 아닌 것 같다. 툴프는 레이덴 대학에서 의학박사 학위를 취득하였으며 해부가 전공이었고, 당시 시의원이자 외과의사 길드의 집정관으로서 실력자였다.

이 그림은 단체초상화로 값은 외과의사협회에서 지불하였다. 단체초상화란 당시에 유행하던 지금의 단체사진에 해당하는 것이다. 이 그림은 외과의사협회의 사무실에 걸려 있었다고 한다. 단체초상화의 경우 지도자가 되는 사람을 피라미드의 정점에 그려 넣는 것이 일반적인데 렘브란트는 그렇게 하지 않고 주인공을 오른쪽에 치우쳐 넣고도 군중과 구별된 특별한 권위를 나타냈다. 그의 천재성과 창조성의 일면을 볼 수 있다.

당시 해부는 의사의 지시 아래 실제로 메스는 조수가 잡았다고 한다. 그러나 이 그림에서 조수는 생략되었다. 그렇게 하여 단체초상화를 주문한 사람들의 주제를 흩트리지 않으면서도, 또 배를 열지 않고 팔만 만지는 것으로 그림으로써 집도한-실제는 집도하지 않았을 테지만-의사의 권위와 명예도 보장해 주고 있다.

그림 속에서 시체를 둘러선 사람들을 보자. 피라미드의 정점에 있는 사람은 검증을 위해 참석한 검시관이다. 그의 위치와 약간 왼쪽으로 기운 듯한 자세는 시체가 수평으로 누워 있지 않고 아래 오른쪽으로 기운 것과 균형을 맞추기 위해서이다. 검시관의 시선은 시체를 보는 것 같지 않고, 마치 해부학 교과서나 더 많은 그림 앞쪽의 군중을 향해 질문을 던지는 듯하다. 그 오른쪽에 서류를 든 사람이 보이는데 이것으로 이 검시가 공공성과 객관성이 있음을 나타낸다. 시체에 바짝 붙어서 보는 두 사람이 있는데 실제로 이렇게 바짝 붙어 있을 수는 없다. 두 사람의 역동적이고 부산한 표정은 바로 인접한 시체의 경직성과 무생물성과 대비되어 주제를 더욱 부각시키는 역할을 한다.

뒤의 벽면에 '렘브란트 1632'라는 글이 보인다. 지금은 대부분이 일률적으로 작가의 사인을 아래쪽 구석에 하지만 당시의 그림들은 작가의 사인이 그림의 일부로서 아주 자연스럽게 들어 있는 경우가 많다. 에이크의 〈아르놀피니의 결혼〉(43쪽)에서도 작가의 사인이 결혼증서같이 교묘히 들어가 있다.

부분조명 기법으로 삶과 죽음을 나타내다

이 그림은 키아로스쿠로 기법을 사용하였는데 주변 인물들의 옷은 모두 검게 처리하여 세부가 드러나지 않는다. 그렇게 해서 인물들의 표정과 중심 주제에 더욱 강하게 우리의 시선을 모으는 힘을 가진다.

렘브란트는 스물네 살 때인 혈기 왕성한 청년기에 이 그림을 그렸는데, 당시 그가 죽음을 깊게 느꼈을 리는 없다. 그러나 이 그림에는 죽음이 있다. 삶은 밝은 빛이며 죽음은 그늘이며 어두움이다. 젊은 렘브란트는 죽음으로 들어가지는 못하고 시체 얼굴의 반, 특히 눈 부분을 그늘로 처리하여 죽음의 그림자만 부분으로 나타냈다. 이후 그의 인생이 고달파진 뒤에 그려진 그림들에서는 그늘과 표정이 더욱 침잠해지며 내면의 깊이와 신앙이 나타난다.

이 그림으로 렘브란트는 성공과 행복의 길로 들어섰다. 그런데 시체를 주제로 한 그림이 성공과 행복의 시발이 되었다는 점이 아이러니컬하다. 죽음의 그림자가 성공의 길목인가?

한편 그의 최고의 걸작이라는 〈야경〉이 그를 몰락으로 들어가게 한 그림이라는 점도 역사적 아이러니다. 렘브란트를 성공시킨 〈해부학 강의〉나 그를 몰락시킨 〈야경〉은 모두 단체초상화인데, 〈해부학 강의〉는 외과의사협회의 단체초상화이고 〈야경〉은 사수협회의 단체초상화라는 점도 재미있다. 모두 죽음과 관계가 있다. 죽음을 늦추려는 집단과 죽이기를 직업으로 하는 집단을 캔버스 안에서 넘나들던 렘브란트의 삶에 대한 진지한 성찰이 느껴진다. _Rembrandt

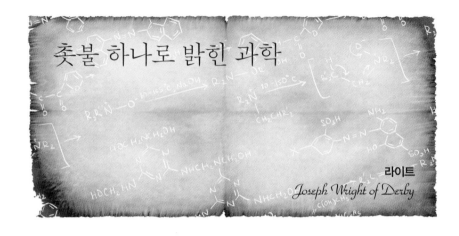

과학 강의를 흥미진진하게 할 수는 없을까? 과학자 모두의 꿈이다. 미술이 과학을 전파하는 데 아주 유용하다는 사실은 이 작품에서 여실히 드러난다. 그림의 주제로서 과학은 매우 드물다. 더구나 과학을 강의하는 내용을 담은 명화로는 라이트의 〈천구 강의〉와 렘브란트의 〈해부학 강의〉 정도뿐이다.

과학을 소재로 그린 화가

라이트는 영국 더비에서 태어나 잠깐 런던에서 그림 공부를 한 시기와 이탈리아 여행을 한 때만 제외하고는 인생의 거의 대부분을 더비에서 보냈다. 이름에 붙은 더비는 또 다른 라이트, 즉 100여 년 전의 영국의 초상화가 존 마이클 라이트John Michael Wright, 1617~1694와 구분하기 위해서이다.

라이트는 카라바조의 영향을 받아 독특한 부분조명 기법을 사용한 드라마

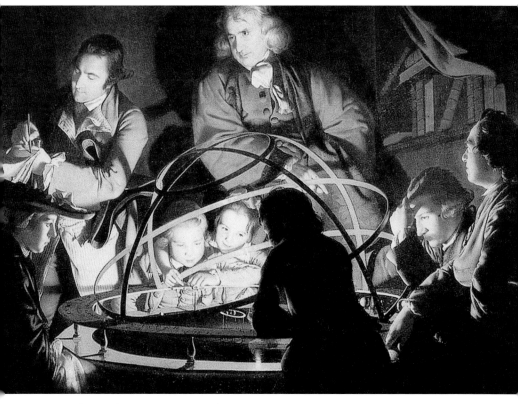

라이트, 〈천구 강의〉, 1766년, 캔버스에 유채, 147×203cm, 영국 더비 미술관

틱한 그림을 남겼다. 〈천구 강의〉를 비롯해 〈에어 펌프의 실험〉(153쪽), 〈인을 발견한 연금술사〉(117쪽) 등의 작품이 여기에 해당한다. 대부분 대장간, 공장 등 과학과 산업에 대한 그림들이다. 그는 한 달에 한 번 모여 최신 과학을 토론하던 루나 소사이어티의 구성원으로서 과학에 매우 큰 관심을 가지고 있었고 과학자들과 폭 넓은 교우 관계를 유지하였다.

작은 촛불의 빛에 담긴 뜻

〈천구 강의〉는 높이가 1.5미터 가까이 되고, 너비는 2미터가 넘는다. 과학을 강의하는 것은 대형 회화 작품의 주제로는 어울리지 않는 일이다. 이 정도의 대작에 어울리는 주제는 역시 전쟁사에 관한 것이 제격일 것이다. 그래야 긴 장감과 볼거리로 큰 화면을 채울 수 있기 때문이다. 그러나 라이트는 작은 촛불 하나로 일견 재미없어 보이는 과학 강의를 아주 격동적으로 나타내는 데 멋지게 성공하였다. 이 작은 촛불의 빛이 주는 의미는 분명하다. 산업혁명이 태동하던 시대에 지식의 빛, 탐구의 빛, 여명의 빛이다.

라이트는 이런 부분조명과 빛의 세계에 매료되었다. 이탈리아를 여행하면서 나폴리에서는 밤의 불꽃놀이를 그렸으며, 로마에서는 밤의 베수비오 화산 폭발과, 작은 창문만 밝은 빛을 내는 공장의 야간 풍경과, 빨갛게 달궈진 쇠를 큰 망치로 두들기는 어두운 대장간을 그렸다.

이 그림의 중심은 기계다. 렘브란트의 〈해부학 강의〉(1632년)가 시체에 초점을 맞춘 데 반하여 그로부터 130년 후의 라이트는 기계에 초점을 맞추었다. 렘브란트는 사람(조물주의 창조물)의 죽음과 덧없는 인생을 보여주고, 라이트는 기계(사람의 제조물)가 자동으로 움직이는 것을 보여준다. 라이트는 이제 사람에서 기계로 주제가 옮겨 왔음을 이야기한다.

천구의는 태양계의 모형이다. 해는 보이지 않으며 지구, 달, 고리 달린 토성 등이 크랭크와 레버로 연결되어 돌아가게 되어 있다. 학자는 깃을 세운 빨간 외투를 입고 행성의 운행에 관한 강의를 듣는 학생들 앞에 있다. 18세기 과학계의 큰 산이었던 뉴턴을 상상하며 그를 이렇게 높은 곳에 우아하게 그려 넣었을 것이다.

여자와 아이들이 있는 것으로 보아 대학 강의실은 아니다. 오른쪽에는 책이 보인다. 이 그림에서 교사와 다른 등장인물들은 누구인지 알려지지 않았으나 왼쪽에서 필기를 하는 사람은 누구인지 알려져 있다. 라이트가 그의 초상화를 그렸기 때문이다. 그는 페레즈 버뎃Perez Burdett인데 연구자이자 지도 제작자이다. 아마도 이 그림 안에서 그는 천체의 운행을 계산하는 중일 것이다. 그는 라이트와 아주 절친한 친구 사이로 함께 음악을 연주하기도 하였다. 화가는 친구에게 멋진 옷을 입히고 삼각 모자를 겨드랑이에 끼운 우아한 모습으로 그려 놓았다.

라이트의 그림은 작은 조명이 어두운 전체에서 가운데만 비춘다. 그렇다고 빛이 그림의 소품만은 아니다. 빛은 논리와 지식을 나타낸다. 이런 조명 기법은 그의 발명품이 아니다. 카라바조가 먼저 사용하였다. 그러나 그처럼 극적인 효과를 성공시킨 작가는 많지 않다. 이런 그림을 '촛불 그림'이라 부른다. 그는 강한 콘트라스트를 즐겼다.

과학이 대중에게 각광받던 시절

그림 한가운데에 가장 밝게 그려진 것은 아이들이다. 빛을 등으로 가려 검게 묘사된 엄마인 듯한 여자는 얼굴이 보이지 않으나 마치 표정이 보이는 것 같다. 라이트의 그림에서는 아이들이 두드러지게 나타난다. 왜일까? 과학과는 어울리지 않을 것 같은 젊은 여자는 왜 여기에 앉아 있는 걸까? 뉴턴 같은 위대한 과학자의 이야기를 아이들에게도 들려주고 싶었을까? 사과는 지구로 떨어지는데 왜 달은 아닐까? 왜 달은 제 궤도로 돌고 있는가? 라이트는 이런 이야기들을 아이들에게 설명해 주고 싶었을 것이다.

오늘날 대부분의 아이는 수학이나 과학을 지루해한다. 그러나 여기서 과학 강의를 듣는 아이들의 얼굴은 전혀 지루해 보이지 않는다. 오히려 무슨 재미난 놀이를 구경하는 흥미진진한 표정이다. 무언가 아름다운 것을 보는 듯하다. 마치 천사 같은 얼굴을 하고 있다.

라이트는 아이들을 강조함으로써 그림에 특별한 성장소설로의 가치를 부여하였다. 당대의 교육학자 존 로크John Locke, 1632~1704는 아이들의 흥미를 끄는 교육으로, 지식을 머리가 아니라 그들의 가슴속에 넣어야 한다고 했다. 이미 아이들을 위한 놀이에 의한 교육을 강조했다.

라이트는 여기서 이상적인 교육 현장을 그렸다. 일반적으로 당시의 그림에 아이가 등장할 때는 귀족이나 왕족의 아이들만 나온다. 그러나 여기서는 중산층의 아이들이 주변이 아니라 중심에 나타난다. 또한 천구의 왼쪽에는 젊은 여자를 그려 넣어 여자가 지적 활동에 참여하는 것을 나타냈다.

영국에서는 이제 막 그런 기운이 있었으나 프랑스에서는 이미 오래전부터 과학 모임이 사교계의 유행이었다. 루나 소사이어티도 그런 모임 중 하나였다. 한 달에 한 번, 대략 보름달이 뜨는 월요일에 만나서 과학에 관하여 토론하고 강의를 들었다. 과학에 흥미를 가진 귀족이나 부자 들이 이 클럽을 통하여 발명가들을 지원하기도 하였다. 그래서 과학 이론이 쉽게 제품화되고 특허도 얻고 사업도 이루어졌다.

1765년 증기기관을 발명한 제임스 와트도 그 구성원 가운데 한 명이다. 더비에 유리공장을 갖고 있던 웨지우드Josiah Wedgwood, 1730~1795는 도자기로 유명해졌으며, 시계 기술자이자 아마추어 지리학자인 존 화이트 허스트John White Hurst,

^{1713~1788}는 기압계를 발명하여 유명해졌다.

라이트에게는 정교한 제조 기술과 이론을 겸비한 인물이자 천구의를 제작한 제임스 퍼르그손^{James Ferguson 1710~1776}이라는 천문학자 친구가 있었다. 페르그손이 1762년 더비에 와서 천문학 강의를 했다. 아마 몇 번에 걸친 연속 강의였을 것이다. 그가 왔을 때 루나 소사이어티에서 태양계 천구의를 만들었을 것으로 생각된다. 라이트는 이런 강의를 들으며 작품의 영감을 얻었을 것이다.

산업혁명 태동기는 자연과학과 기술이 종교와 거의 같은 반열까지 올라간 시기이다. 당시 서구 대중은 하나님이 모든 것을 만드신 것으로 믿었다. 수학적으로 계산하여 천체의 운행을 알 수 있다면 하나님은 그곳의 어디에 계신가?

뉴턴은 하나님의 운행 섭리에서 독립하여 자연 자체의 자동 운행 개념에 크게 기여했다. 하지만 그는 하나님을 신실하게 믿었다. 그래서 하나님이 운행하는 힘을 처음 만드시고 그 후는 자연현상에 의하여 운행한다고 설명하기도 하였다.

독일 학자 라이프니츠^{Gottried Wilhelm von Leibniz, 1646~1716}는 뉴턴과 달리 하나님은 천체 시계를 만드셨고 그 태엽을 정기적으로 감으며 수리하신다고 믿었다. 정교한 천구 기계를 만들었어도 돌아가도록 해야 돌아가는 것처럼 하나님이 개입하신다고 생각했다. 아마도 루나 소사이어티에서는 이런 생생하고 격렬한 토론이 행해졌을 것이다. _Wright

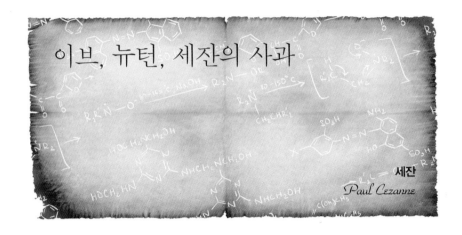

이브, 뉴턴, 세잔의 사과

"역사상 유명한 사과가 셋 있는데, 첫째는 이브의 사과요, 둘째는 뉴턴의 사과요, 셋째는 세잔의 사과다."

프랑스 상징주의의 거장 드니Maurice Denis, 1870~1943의 말이다. 이브의 사과로부터 기독교가 시작되었으며, 뉴턴의 사과로부터 근대과학이 시작되었고, 세잔의 사과로부터 현대미술이 꽃을 피웠다. 세 사과가 각각 자연에서 종교로, 종교에서 과학으로, 과학에서 인간 감성으로의 전환을 이끈 것이다.

한 알의 사과로 파리를 정복하다

세잔Paul Cezanne, 1839~1906은 미술을 공부하기 위해 파리로 떠나며 "나는 사과 한 알로 파리를 정복할 것이다"는 유명한 말을 남겼다. 그래서 그를 '사과의 화가'라고 부르기도 한다.

세잔, 〈사과와 오렌지〉, 1895~1900년경, 캔버스에 유채, 74×93cm, 프랑스 파리 오르세 미술관

세잔은 화가로의 길을 주저할 때 격려를 아끼지 않았던 피사로의 영향으로 1874년 제1회, 1877년 제3회 인상주의전에 그림을 출품하기도 했지만 인상주의에 동조할 수는 없었다. 인상주의는 순간적인 빛을 표현하는 데 급급했는데, 그는 그림이란 뭔가 영원한 본질을 담아야 한다고 생각했기

때문이다.

세잔의 사과를 보면 사과인지 복숭아인지, 심지어 오렌지와도 구별이 안된다. 사과 꼭지 부분의 디테일이 표현되지 않았기 때문에 사과인지 오렌지인지 구분이 안 가는 것이다. 세부적 디테일은 그의 관심 밖이었다. 그래서 그의 그림에는 미완성이 많다.

세잔은 단순히 형태만 화면에 옮겨 놓지는 않았다. 그림을 그릴 때 붓을 움직이는 시간보다 모델을 응시하는 시간이 더 많았다. 사과를 응시하며 사과의 본질을 이해하려고 애썼으며 그것을 화면에 표현하기 위해 고민하고 또 고민했다.

세잔은 같은 사과라도 보는 각도에 따라 다르게 보이므로 이들을 모두 담아야 본질에 접근할 수 있다고 생각하고 본질들을 동시에 나타내는 방법을 찾으려고 연구를 거듭하였다. 그의 사과에 군데군데 노란색과 파란색이 나타난 것은 원래 사과 색이 그렇다는 것은 아니다. 그렇다고 인상주의자들의 생각대로 빛의 반사에 의해 나타난 순간적인 빛의 영향도 아니다. 빨간색은 앞으로 나와 보이며, 파란색은 뒤로 물러나 보이고, 노란색은 그 중간이라는 그의 단순화된 색채 이론에 따라 표현한 것이다.

세잔의 색채에 대한 집념은 정말 대단하였다. 사물의 본질뿐 아니라 형태, 음영, 입체감 등을 색채만으로 표현할 수 있다고 믿었다. 형태도 단순화하였다. 그는 모든 형태의 본질은 단순히 구형, 원통형, 원뿔형 세 가지에서 비롯한다고 생각했다. 실제로 사과는 완전한 구형이 아닌데, 그의 사과는 완전한 구형이다.

〈온실 속의 세잔 부인〉을 보면 세잔의 예술관을 잘 알 수 있다. 보통 초상화를 그리는 경우, 모델의 외형을 실제같이 재현하거나, 모델의 심리 상태나 인간성을 나타내거나, 어떤 이야기를 전하려 한다. 그런데 그는 아무것도 보여주지 않는다. 실제로 세잔 부인이 이렇게 생겼는지도 확신할 수 없다. 얼굴이 너무 단순하게 동그랗고 귀의 모양은 알아볼 수 없을 정도이다.

화가는 인물의 배경으로도 많은 이야기를 하기 마련인데 세잔은 그렇지도 않다. 그는 오랜 시간 모델을 응시하며 그의 본질을 읽어 내고 그것을 단지 색채로만 화면에 옮겨 놓았다. 그에게는 배경도 단지 색채로 전체 화면을 구

세잔, 〈온실 속의 세잔 부인〉, 1880년, 캔버스에 유채, 92×73cm, 미국 뉴욕 메트로폴리탄 미술관

성하는 데 필요한 요소일 뿐이었다. 그래서 그의 그림에서는 명암법이라든가 서양회화의 기본이라고 할 수 있는 원근법이 보이지 않는다.

모델의 얼굴에 나타나는 붉은색과 푸른색은 실제 그런 색이거나 빛의 조화에 의해 생긴 것이 아니다. 단지 얼굴에서 요철의 나온 부분은 붉은색으로, 들어간 부분은 푸른색으로 칠하여 명암과 입체감을 색채만으로 표현한 것이다. 세잔은 이 그림에서도 손은 완성하지 못했다. 디테일을 무시한 이유

도 있지만, 색채만으로 형태를 나타내기 때문에 아주 작은 부분의 색채 균형이 깨져도 전체 형태가 왜곡되기 마련이어서 색채를 쉽게 결정하지 못했기 때문일 것이다.

야수파와 입체파를 태동시키다

세잔은 1839년 프랑스 엑상프로방스에서 은행가의 아들로 태어나 유복하게 자랐다. 중학교에서 에밀 졸라 Émile-Édouard-Charles-Antoine Zola, 1840~1902를 만나 친구가 되면서 그의 영향을 많이 받았다. 둘의 우정은 거의 평생을 지속했으나, 1886년 에밀 졸라가 세잔을 모델로 하여 실패한 화가의 삶을 그린 소설 『명작』을 발표하면서 끝이 나고 말았다.

세잔은 아버지의 뜻에 따라 법과대학으로 진학하였으나 곧 법학을 포기하고 어머니의 비호 아래 미술을 공부하러 파리로 갔다. 그는 아버지가 매달 보내주는 200프랑과 어머니가 몰래 더해 주는 돈으로 궁핍하지 않게 지낼 수 있었다. 아버지는 이왕 미술가가 되려면 엘리트 코스로 성공하도록 에콜 데 보자르에 들어가기를 바랐으나 낙방하고, 아카데미 스위스에 다니며 루브르 박물관에서 대가들의 그림을 모사하였다. 인상주의자들이 모이는 카페 게르부아에도 출입하며 피사로와 친해졌다.

세잔은 졸라의 격려를 받으며 파리 생활을 시작했지만 당시 파리 화단을 지배하던 아카데미즘에 적응하지 못하고 6개월 만에 낙향하고 말았다. 이후 약 5년간은 파리와 엑상프로방스를 오가며 작업하다가 1870년 7월에 파리 생활을 완전히 청산하고 고향으로 돌아왔다.

세잔, 〈생 빅투아르 산〉, 1885년, 캔버스에 유채, 72.8×91.7cm, 미국 펜실베이니아 메리온 링컨대학교 반스 재단

세잔은 파리에 있는 동안 모델 일을 하던 열아홉 살 처녀 오르탕스 피케 Hortense Fiquet를 만나 동거를 시작하였다. 그러나 아버지에게 비밀로 한 탓에 17년이나 지나 아들이 열세 살이나 되어서야 결혼식을 올릴 수 있었다. 그는 엑상프로방스에 박혀서 아내나 정물을 그리거나 자연을 그렸다.

세잔은 파리에 들를 때면 피사로를 만났고 피사로도 가끔씩 엑상프로방스로 내려와 그를 만나곤 했다. 모네와 르누아르가 찾아오기도 했다. 이때 이미 그는 같은 장소의 풍경을 날씨가 다른 때에 시리즈로 그렸다. 엑상프로방스에서 동쪽으로 8킬로미터 떨어진 곳에 있는 생 빅투아르(Sainte-Victoire)

세잔, 〈목욕하는 사람들〉, 1906년, 캔버스에 유채, 210×250cm, 미국 필라델피아 미술관

산은 세잔이 그린 풍경 시리즈의 대표적 소재지였다. 이 새로운 기법은 모네가 10년쯤 뒤에 〈건초더미〉 시리즈(279쪽)에서 시작하여 아예 모네의 상징적 작업이 되었다.

세잔 미술의 중요한 모티브는 정물, 초상화와 함께 목욕하는 사람들이다. 그가 매우 오랫동안 탐구한 주제이지만 완성한 그림은 많지 않고 밑그림이나 스케치가 많다. 말년에 들어서는 더욱 이 주제에 완성도를 더해 갔다.

세잔은 푸생의 서정적 안정미를 자신의 그림에 끌어들이려고 고심하였다.

즉 풍경의 안정감과 인체 곡선의 율동감을 결합시키는 작업에 몰두하였다. 또한 형태는 구·원통·원뿔로 단순화하고, 입체감을 나타내기 위하여 여러 각도에서 본 것을 한 화면에 결합시키면서 오로지 색채만으로 형태를 조직적으로 구성하는 원칙을 완성해 갔다.

이런 세잔의 이론과 화풍은 야수파와 입체파를 태동시키는 업적을 이루었다. 그래서 세잔을 현대미술의 아버지라고 칭송한다. 마티스의 〈삶의 기쁨〉(243쪽)이란 그림을 보면 세잔의 영향을 어떻게 받았는지를 잘 알 수 있다. 현대미술의 거장 피카소도 세잔의 원칙을 따랐고, 세잔의 입체 표현을 더욱 확실하게 발전시켜서 불후의 명작을 낳았다.

세잔은 인상주의자들과 색채 표현에 대한 생각이 달랐다. 그는 형태와 마찬가지로 색채 역시 단순화하였다. 그의 팔레트에는 색, 특히 중간색이 많지 않다. 〈사과와 오렌지〉에서 사과 밑에 깔린 천은 흰색 계열의 연백을 썼다. 이는 백색도가 대단히 높아서 사과를 더욱 도드라지게 강조한다. 연백은 중금속인 납을 포함하기 때문에 현재는 사용이 자제되고 있지만 당시에는 빛나는 순백색의 매력에 이끌려 많은 화가가 즐겨 사용하였고, 세잔이 표현하려고 했던 사과의 양감을 나타내는 데 아주 적합하였다.

1906년 10월 세잔은 야외에서 그림을 그리던 중 강한 비바람에 쓰러졌고, 몇 시간이 지나서야 우편배달부에게 발견되어 집에 실려 왔다. 그러나 며칠 후 아픈 몸을 이끌고 다시 산으로 그림을 그리러 나갔다가 폐렴이 심해져 마침내 사망하고 말았다. 그는 사회에 잘 적응하지 못하고 많은 오해를 사며 외롭게 자신의 벽 안에서 예술만을 좇았으나 현대미술이라는 커다란 소용돌이를 일으켰다. _Cezanne_

과학의 경이로움을
찬양한 화가

들로네
Robert Delaunay

미술을 꽤 많이 알고 이해하는 사람이라도 추상화를 감상하며 즐기는 데는
상당한 어려움을 느낀다. 추상화의 발전에는 과학적인 발전, 즉 색채의 본질
에 관한 연구가 큰 동력이 되었다. 뉴턴의 색채 이론은 표현의 한계를 탈피
하고자 몸부림치던 화가들에게 새로운 길을 제시해 주었다. 물체가 자체의
색으로 규정되는 것이 아니라 그 물체에 닿는 색채의 분할에 의해 나타나는
스펙트럼의 물리적 현상이라는 자각은 그림의 역사에서 격변을 일으켰다.

화가들은 형태를 직접적으로 그리지 않고 색채만을 사용하여 형태와 입
체적 공간성을 모두 표현할 방법을 모색하였다. 그 과정에서 입체파·야수
파 등과 함께 들로네Robert Delaunay, 1885~1941와 쿠프카François Kupka, 1871~1957에 의해
오르피즘(Orphism)이 탄생하였다. 이는 추상화가 발전하는 계기가 되었다.

들로네, 〈태양, 탑, 비행기〉, 1913년, 캔버스에 유채, 132×131cm, 미국 버펄로 올브라이트 녹스 갤러리

화가를 매혹시킨 과학 발명품

들로네는 1885년 4월 12일 프랑스 파리에서 태어났다. 어머니가 여행을 자주 하며 집을 비운 탓에 이모집에서 자랐다. 공부하는 것을 싫어하였으며, 극장 간판 화가의 조수로 있다가 1904년 처음으로 정식 화가로서 독립화가전에 데뷔하였다.

들로네는 추상을 그림에 처음으로 도입하였다. 처음에는 구상 작품을 그렸으나 점차 빛의 스펙트럼 분광에 심취하면서 색채만으로 모든 것을 표현하려고 여러 시도를 하였다. 그 끝에 오르피즘이라는 경향을 탄생시키고 이로써 추상의 세계에 들어가게 되었다.

들로네는 순수 추상의 탄생에 결정적 역할을 한 〈태양, 탑, 비행기〉에 세 가지 과학의 발명품(에펠탑, 비행기, 대관람차)을 그렸다. 아직 완전한 추상은 아니

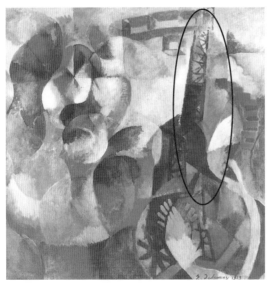 

들로네, 〈태양, 탑, 비행기〉 중 에펠탑 표시(왼쪽),
에펠탑 사진(오른쪽)

어서 그림의 여기저기서 구상적인 물체 형태를 볼 수 있으나, 입체파의 영향으로 대상이 되는 에펠탑·비행기·대관람차 등이 해체되고 재구성되었다.

들로네를 매혹시킨 첫 번째 과학의 발명품은 에펠탑이다. 에펠탑은 1889년 파리에서 열린 세계만국박람회에 프랑스 과학의 힘을 드러내기 위해 교량 건설 기술자 에펠Alexander Gustave Eiffel, 1832~1923이 설계하고 7,300톤의 강철을 사용하여 건설한 높이 약 300미터의 탑이다. 건설 후부터 약 40년간 세계 최고 높이의 건축물로서 프랑스의 상징이 되었다.

예술을 사랑하는 대부분의 파리 시민은 이 철골 탑을 싫어하였으며 실제로 박람회가 끝난 뒤에 철거하는 것을 심각하게 논의하였다고 한다. 파리 시민들이 얼마나 이 탑을 싫어했는지를 말해 주는 일화를 하나 소개한다.

에펠탑은 3단으로 되어 있고 첫 번째 단 위에 식당이 있는데, 한 신사가

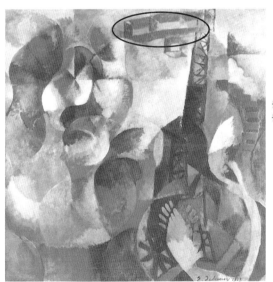

들로네, 〈태양, 탑, 비행기〉 중 비행기 표시(왼쪽),
블레리오 11호 사진(오른쪽)

들로네, 〈블레리오에의 경배〉, 1914년, 캔버스에 유채,
250×250cm, 스위스 바젤 국립 미술관

매일 와서 식사를 하였다. 웨이터가 "선생님은 다른 사람들과 달리 에펠탑을 무척 사랑하시나 봅니다. 매일 이 식당에 오시니……" 하자, 신사는 화를 벌컥 내며 "이 꼴 보기 싫은 탑이 보이지 않는 곳은 오직 이곳뿐이오!" 하고 말했다는 것이다.

들로네가 그린 두 번째 과학의 발명품은 비행기이다. 1903년 라이트 형제Orville/Wilbur Wright가 미국 노스캐롤라이나의 키티 호크에서 처음으로 12초간 비행에 성공하였다. 그 뒤 1909년 7월 25일 프랑스의 블레리오Louis Bleriot, 1872~1936가 단엽비행기 블레리오 11호로 37분간 비행하여 도버해협 횡단에 성공하였다.

들로네는 이에 흥분하여 〈블레리오에의 경배〉를 그렸다. 그림을 자세히 보면 윗부분에 복엽비행기가 뚜렷이 나타난다. 그런데 블레리오가 만든 비행기는 단엽비행기이다. 그림을 다시 보면 왼쪽 아래쪽에 프로펠러가 달린 단엽비행기가 보인다. 블레리오의 비행기는 현대 비행기와 구조가 같은 최초의 비행기이다. 라이트 형제의 비행기는 복엽인 데다가 프로펠러가 뒤에 붙어 있었으나 블레리오의 비행기는 앞에 프로펠러를 달아서 안정성이 뛰

들로네, 〈태양, 탑, 비행기〉 중 대관람차 표시(왼쪽), 대관람차 사진(오른쪽)

어났다.

들로네가 그린 세 번째 과학의 경이는 어느 놀이공원에나 하나씩은 기본적으로 갖춘 대관람차이다. 1893년 미국은 시카고에서 콜럼버스의 미국 상륙 400주년을 기념하는 만국박람회를 열었다. 그리고 당시 프랑스의 에펠탑에 견줄 만한 거대 구조물로서 페리George W. Ferris, 1859~1896가 설계한 대관람차를 선보였다.

그림에서는 오른쪽 중간과 아래쪽에 대관람차의 부분들이 나타난다. 구조물을 바라보는 각도에 따라 분할하고 재구성하는 기법은 입체파에서 영향받은 것이다. 대관람차는 80미터에 달하는 높이의 거대한 바퀴에 36개의 나무 차를 매달아 60여 명의 사람이 타고 높은 하늘을 오르게 되어 있다. 한 번 타는데 50센트씩을 받았는데, 박람회 기간 동안 72만 달러를 벌어 들였다고 한다.

추상화를 탄생시킨 오르피즘

소니아 들로네Sonia Delaunay-Terk, 1885~1979는 남편인 로베르 들로네와 동갑으로 1885년 11월 14일 우크라이나에서 태어났다. 1908년 그림을 공부하기 위해 파리로 온 뒤 독일인 화상 빌헬름 우데Wilhelm Uhde, 1874~1947와 결혼하였다. 그림 거래를 위해 우데의 화랑에 드나들던 들로네와 만나 사랑에 빠졌고, (우데와 이혼한 뒤) 1910년 결혼하였다. 이후 그들은 서로 예술적 혼을 주고받으며, 완벽한 동반자의 삶을 영위하였다.

들로네 부부는 포르투갈에서 6년간 체류하다가 1921년 파리로 돌아왔다. 이후 그들의 집은 개혁적 아방가르드 문학가들의 사랑방이 되었다. 들로네는 1922년 유명한 화상 폴 기욤Paul Guillaume, 1891~1934의 화랑에서 연 전시회 이후 그림을 한 점도 못 팔고 침체기에 빠져 들었으나, 소니아는 그들의 추상 작품을 패션에 응용하여 30여 명을 직원으로 둔 사업체로 키우고 패션계의 유명인사가 되었다. 그러나 1930년대 대공황의 영향으로 그녀의 패션 사업은 완전히 몰락하고, 반대로 들로네는 알프레드 바르가 주선한 뉴욕 현대 미술관에서의 '입체주의와 추상미술전'을 성공적으로 치루며 확실한 명성을 얻었다.

들로네는 1938년 제1회 신사실화전을 결성하고 개최하여 추상미술의 정

소니아 들로네, 〈리듬〉, 1938년, 캔버스에 유채, 192×157cm, 프랑스 파리 퐁피두센터 국립 현대 미술관(왼쪽)
들로네, 〈동시에 열린 창들〉, 1912년, 캔버스에 유채, 미국 뉴욕 구겐하임 미술관

착을 이끌었으며, 1941년 10월 25일 암으로 몽펠리에의 병원에서 사망하였다.

들로네는 1912년부터 〈창〉 시리즈를 시작하며 오르피즘을 구체화시켰다. 그는 자신의 미술 이론을 「빛에 대하여」라는 이름으로 발표하였는데, 클레 Paul Klee, 1879~1940가 이에 감명받고 독일어로 번역하여 소개하였다. 이것을 계기로 들로네는 독일에서 가장 먼저 인정받았고, 1913년에는 베를린에 들로네만을 위한 미술관인 슈투름 갤러리까지 열렸다.

시인 아폴리네르Guillaume Apollinaire, 1880~1918는 몽환적 정신세계에서 창조된 듯한 들로네의 그림에 감명받고 큐비즘과 구별하고자 오르픽 큐비즘(Cubism Orphique)이라고 명명하였다. 여기서 오르피즘이라는 이름이 나왔다.

원래 오르피즘이란 육체의 속박으로부터 벗어나 영적 행복을 얻기 위하여 엄격한 수행과 특별한 제의를 행하던 그리스의 신비주의적 종교집단을 뜻하는 말이다. 아폴리네르는 들로네의 그림에서 입체파적 요소인 대상의 해체와 재구성을 보고 입체파의 한 분파로 생각했다. 그러나 어딘가 신비적이고 몽환적이어서 입체파와는 구별할 필요성에서 자신의 시에 쓰였던 오르페우스의 신화를 생각해 내고 그런 이름을 붙였다. 당시에는 입체파, 야수파 등 수많은 비구상적 화풍이 생겨났는데 오르피즘이야말로 진정한 추상의 시작이었다고 할 수 있다.

들로네는 색채만으로 형태와 공간뿐 아니라 운동감까지 나타낼 수 있다고 믿었다. 당시 급격히 발전한 스펙트럼 색채 이론에 심취하여 체코 출신의 화가 쿠프카와 함께 순수한 색면만으로 모든 것을 표현할 방법을 모색하였는데, 그것이 바로 오르피즘이다. 빨강-주황-노랑-녹색-파랑-보라의 순으로 주파수가 높아지는데, 이들 색면을 병치하고 구성하면 운동감을 가진 몽환적인 새로운 세계를 창조할 수 있다는 것이다.

이는 색점만으로 형태와 공간을 모두 표현하려던 쇠라나 시냐크의 신인상주의(점묘파)보다도 한층 더 진보한 생각이었고, 샤갈 Marc Shagall, 1887~1985에게도 지대한 영향을 주었다. 오르피즘은 미국의 맥도널드 라이트Stanton McDonald-Wright, 1890~1973와 러셀Morgan Russell, 1886~1953의 싱크로미즘(Synchromism)의 탄생에 직접적으로 영향을 주었다. 싱크로미즘은 색채의 교향악이라는 뜻으로 음악적인 영감을 색채만으로 표현한 완전한 추상화 운동이다. 색과 크기가 다양한 색면이 정교하게 구성된 들로네의 그림들은 마치 음악을 보는(듣는) 것 같다.

들로네는 당시 인상주의의 영향으로 자연만을 찬양하고 자연으로 돌아가

자는 분위기 속에서 독특하게도 과학을 찬양하였다. 〈태양, 탑, 비행기〉는 순수 추상으로 가는 길을 열었다고 평가받는 걸작이다. 그는 밝고 따뜻한 색채로 이 세상이 과학에 의해 생기가 넘치게 되었음을 마음껏 찬양하였다. 과학자들이 볼 때 참으로 기분 좋은 그림이다.

들로네는 그림 제목으로 대관람차 대신 태양을 넣었다. 그가 추구하던 색채의 근원은 태양에서 오는 빛이다. 그는 빛의 운동성을 원형의 색면에서 찾았다. 원형으로 도는 대관람차에 앉아서 하늘 높이 오르면 태양과 태양의 빛을 더욱 가까이서 즐길 수 있다. 태양이 물체를 비춰 모든 색채를 만들어 내듯이, 과학은 이 세상을 비추어 진정한 인류의 행복에 기여한다. _Delaunay

의학의 상징

의학을 상징하는 로고에는 왜 대부분 뱀이 들어 있을까? 앰뷸런스에 표시된 생명의 별에도 뱀이 감긴 막대가 들어 있고, 세계보건기구(WHO)의 로고에도 뱀이 감긴 막대가 그려 있다. 또 미육군 의무대의 로고는 뱀 두 마리가 감긴 막대에 날개가 달린 형상이다.

모세의 구리뱀

틴토레토Tintoretto, 1519~1594가 그린 〈구리뱀〉은 이탈리아 베네치아에 있는 살라 수페리어에의 천장화다. 당시 베네치아에는 역병이 돌아 전체 인구의 4분의 1이 죽었다. 틴토레토는 시민들을 위로하는 그림을 그린 것이다. 화면을 보면 크게 두 부분으로 나눌 수 있는데, 하단의 불뱀에 물려 고통 받는 백성들과 상단의 분노하는 하늘로 나뉘어 있다. 하나님 주위의 천사들의 소동도 하

틴토레토, 〈구리뱀〉, 1575~6년, 캔버스에 유채, 840×520cm, 이탈리아 베니스 스콜라 그란데 디 산로코

세바스티안 부르동, 〈모세와 구리뱀〉, 1653~4년경, 89×105cm, 스페인 마드리드 프라도 미술관

나님의 분노를 더욱 극적으로 나타내고 있다. 화면 중간 왼쪽 언덕 위에 모세가 구리뱀을 단 막대를 들고 있다. 원래 막대에 구리뱀을 단 형상은 세바스티안 부르동-Sébastian Bourdon, 1616~1671이 그린 것과 같았을 것이다. 그러나 틴토레토가 그린 뱀은 조금 모양이 독특하다. 머리는 물고기의 형상이고 날개가 달렸다. 신앙심이 돈독하던 틴토레토가 그린 이 뱀은 에덴에서 하와를 유혹했던 느후스단(구약성경 열왕기하 18장 4절)이다. 또한 틴토레토는 막대를 단순히 일자로 그리지 않고 십자가로 나타내어 모세의 뱀처럼 예수를 나타내려 하였다. 십자가에 감긴 물고기 머리는 병의 치유를 상징하며 아울러 예수도 상징한다. 「요한복음」 3장 14절은 "모세가 광야에서 뱀을 든 것 같이 인

자도 들려야 하리니"라고 하여 예수가 모세의 구리뱀과 같은 구원의 역할을
할 것을 이야기하고 있다.

아스클레피오스의 신화

그리스 신화에서 아폴로의 아들인 아스클레피오스는 태어날 때부터 외과수
술과 관계가 있다. 아폴로와 사랑하여 아스클레피오스를 잉태한 코로니스
가 인간과 다시 사랑에 빠지자 그 사실을 까마귀가 아폴로에게 일러바친다.
원래 하얗던 까마귀는 그 때부터 저주를 받아 까맣게 되었고 질투에 화가
난 아폴로가 코로니스를 죽인다. 뒤늦게 아들만은 살리려는 아폴로의 부탁
을 받은 헤르메스가 코로니스 뱃속에서 아스
클레피오스를 꺼내어 케이론에게 양육하도록
한다. 아스클레피오스는 케이론에게 의술을
배워 독에서 약을 만드는 능력을 가진 의술의
신이 된다.

　아스클레피오스는 독을 약처럼 사용할 줄
알았는데 독을 가진 가장 대표적인 생물이
뱀이고 아스클레피오스의 상징은 뱀이 감긴
지팡이다. 아스클레피오스는 많은 사람들을
치료했고 심지어 살리기도 했다. 사람의 수
가 자연적으로 제어되지 않게 되자 화가 난
제우스가 벼락을 쳐서 아스클레피오스를 죽

아스클레피오스 상

였다. 아스클레피오스의 지팡이(Rod of Asclepius)와 별이 결합되어 앰뷸런스나 의료자원봉사대의 로고가 되었다. 옛날에는 기생충에 걸려 생긴 병이 많았는데, 의사들이 별모양으로 째고 치료를 하던 모습에서 유래한 것으로 알려져 있다. 세계보건기구는 그 아스클레피오스의 지팡이를 세계지도 위에 결합한 로고를 사용한다.

헤르메스와 카듀케우스

연금술과도 관계있는 그리스의 신 헤르메스는 로마 신화에서는 머큐리라고 한다. 그는 신들 사이의 소통을 담당하는 사자였으며, 천상의 지식을 사람에게 전해주어 인류 지혜의 근원으로 간주되기도 한다. 그는 두 뱀이 감긴 지팡이를 갖고 다녔는데, 하루는 뱀 두 마리가 싸우고 있어서 지팡이를 던졌더니 뱀들이 지팡이에 감기면서 싸움이 멈췄다. 이 헤르메스의 지팡이와 아스클레피오스의 지팡이가 혼동을 일으켜 둘 다 모두 의학의 상징이 되었다. 헤르메스의 지팡이는 카듀케우스라고 하는데 지금은 미육군 의무대의 로고로 사용되고 있다.

잠볼로냐, 〈헤르메스 상〉,
1580년, 청동, 높이:180cm,
이탈리아 피렌체 바르젤로 국립 박물관

치유의 상징

이런 모든 뱀 형상의 뿌리는 창세기에서 하와를 유혹하던 뱀과 모세의 뱀이다. 틴토레토는 『성경』의 민수기 21장 4-9절의 장면을 그림으로 그렸다. 하나님은 이집트에서 모세를 통해 구원한 이스라엘 백성들을 곧바로 가나안 땅으로 들어가게 하지 않고 광야에서 단련을 시켰다. 모세의 형인 아론이 죽고 난 후 기적의 양식 만나가 지겹다고 이스라엘 백성들의 불평이 계속되자 하나님은 불뱀을 보내어 많은 사람들이 뱀에 물려 고통 받게 하셨다. 백성들이 모세에게 살려달라고 하자 모세는 하나님의 명령대로 구리뱀을 만들어 장대 높은 곳에 매달고 그것을 쳐다보는 사람은 병이 낫게 하셨다. 뱀은 좋은 의미든 나쁜 의미든 능력의 상징이었다. 늙은 피부인 허물을 벗고 젊음을 되찾는 뱀이 치료의 상징이 된 것은 자연스러운 일이다. _Tintoretto

1. 앰뷸런스에 표시된 생명의 별 로고
2. 세계보건기구 로고
3. 미육군 의무대의 로고인 카듀케우스

작품 찾아보기

치마부에 1240~1302
〈천사들의 경배를 받는 성모〉, 1290년경, 프랑스 파리 루브르 박물관 ···································· 34

조토 1267~1337
〈동방박사의 경배〉, 1304~6년, 이탈리아 파도바 아레나 성당 ···································· 33
〈영광의 성모〉, 1310년, 이탈리아 피렌체 우피치 미술관 ···································· 34

에이크 ?~1441
〈아르놀피니의 결혼〉, 1434년, 영국 런던 내셔널 갤러리 ···································· 43
〈성 바보 성당의 제단화〉, 1426~32년, 벨기에 브뤼셀 성 바보 대성당 ···································· 48

브루넬레스키 1377~1446
〈이삭의 희생〉, 1401년, 이탈리아 피렌체 팔라초 델 바르젤로 국립 박물관 ···································· 110

기베르티 1378~1455
〈천국의 문〉, 1425~52년경, 이탈리아 피렌체 산 조반니 세례당 ···································· 108
〈이삭의 희생〉, 1401년, 이탈리아 피렌체 팔라초 델 바르젤로 국립 박물관 ···································· 110

우첼로 1397~1475
〈산로마노의 전투〉, 1436년, 영국 런던 내셔널 갤러리 ···································· 312

베로키오 1435~1488
〈그리스도의 세례〉, 1472~75년, 이탈리아 피렌체 우피치 미술관 ···································· 56

보티첼리 1444~1510
〈비너스의 탄생〉, 1486년, 이탈리아 피렌체 우피치 미술관 ···································· 295
〈네 천사와 여섯 성인과 함께 있는 성모자〉, 1488년, 이탈리아 피렌체 우피치 미술관 ···································· 298

보슈 1450~1516
〈쾌락의 동산〉, 1500년, 스페인 마드리드 프라도 미술관 ···································· 304

다 빈치 1452~1519

〈최후의 만찬〉, 1495~32년경, 이탈리아 밀라노 성 마리아 성당 ·································· 54

〈모나리자〉, 1503~6년경, 프랑스 파리 루브르 박물관 ····································· 127

〈성모와 성자와 성 안나〉, 1510년, 프랑스 파리 루브르 박물관 ··························· 131

〈성 요한〉, 1513~16년경, 프랑스 파리 루브르 박물관 ································· 59

뒤러 1471~1528

〈아담과 이브〉, 1504년, 독일 카를스루에 국립 미술관 ······························· 137

〈기사, 죽음, 악마〉, 1513년, 소장처 불명 ··· 138

〈서재에 있는 성인 히에로니무스〉, 1514년, 독일 베를린 쿠퍼슈타허카비네트 ······· 138

〈멜랑콜리아 I〉, 1514년, 독일 카를스루에 국립 미술관 ··························· 142

〈토끼〉, 1502년, 오스트리아 비엔나 알베르티나 미술관 ································· 139

〈잔디풀〉, 1503년, 오스트리아 비엔나 알베르티나 미술관 ····························· 139

홀바인(아버지) 1460~1524

〈암브로시우스와 한스 홀바인〉, 1511년, 독일 베를린 국립 미술관 ··················· 190

코시모 1462~1521

〈프로크리스의 죽음〉, 1486~1510년경, 영국 런던 내셔널 갤러리 ···················· 118

미켈란젤로 1475~1564

〈최후의 심판〉, 1537~41년경, 바티칸 시스티나 성당 ································ 23

〈천지창조〉, 1508~12년경, 바티칸 시스티나 성당 ··································· 316

〈아담의 창조〉, 1510년, 바티칸 시스티나 성당 ······································· 316

〈피에타〉, 1499년, 바티칸 성 베드로 대성당 ··· 321

〈다비드〉, 1504년, 이탈리아 피렌체 아카데미아 미술관 ····························· 322

〈그리스도의 매장〉, 1510년, 영국 런던 내셔널 갤러리 ····························· 30

라파엘로 1483~1520

〈피렌체 소묘〉, 1504년, 프랑스 파리 루브르 박물관 ································· 134

〈유니콘을 안은 여인〉, 1505~6년경, 이탈리아 로마 보르게세 미술관 ··············· 134

홀바인 1497~1543

〈대사들〉, 1533년, 영국 런던 내셔널 갤러리 ··· 191

틴토레토 1519~1594

〈구리뱀〉, 1575~6년, 이탈리아 베니스 스콜라 그란데 디 산로코 ···················· 357

브뢰헬 1525~1569
〈네덜란드의 속담〉, 1559년, 독일 베를린 국립 미술관 ·· 150
〈이카루스의 추락〉, 1560년경, 벨기에 브뤼셀 왕립 미술관 ······································· 144

잠볼로냐 1529~1608
〈헤르메스 상〉, 1580년, 이탈리아 피렌체 바르젤로 국립 박물관 ····························· 360

그레코 1541~1614
〈톨레도의 풍경〉, 1597~99년경, 미국 뉴욕 메트로폴리탄 미술관 ·························· 311

헤라르츠 1562~1636
〈엘리자베스 1세〉 중 얼굴 부분도, 1592년, 영국 런던 국립 초상화 미술관 ··········· 77

카라바조 1571~1610
〈나르시스〉, 1595년경, 이탈리아 로마 바르베리니 궁 ··· 220
〈골리앗의 머리를 든 다윗〉, 1609~10년, 이탈리아 로마 보르게세 미술관 ·········· 156

레니 1573~1642
〈클레오파트라〉 중 얼굴 부분도, 1640년, 이탈리아 피렌체 팔라초 피티가家 ········· 77

루벤스 1577~1640
〈이카루스의 추락〉, 1636년, 벨기에 브뤼셀 왕립 미술관 ······································· 147

푸생 1594~1665
〈세월이라는 음악의 춤〉, 1635~40년경, 영국 런던 월러스 컬렉션 ························ 296

벨라스케스 1599~1660
〈바야돌리드의 파블리오스〉, 1636~37년경, 스페인 마드리드 프라도 미술관 ········ 218

렘브란트 1606~1669
〈해부학 강의〉, 1632년, 네덜란드 헤이그 모리추이스 미술관 ······························· 325
〈렘브란트와 사스키아〉, 1635~36년경, 소장처 불명 ··· 66
〈야경〉, 1642년, 네덜란드 암스테르담 국립 미술관 ·· 61
〈존 데이만 박사의 해부학 강의〉, 1656년, 네덜란드 암스테르담 국립 미술관 ········ 328

부르동 1616~1671
〈모세와 구리뱀〉, 1653~64년경, 스페인 마드리드 프라도 미술관 ························· 358

피올라 1627~1703
〈이카루스와 다이달로스〉, 1670년, 개인 소장 ··· 146

베르메르 1632~1675
〈진주 귀고리를 한 소녀〉, 1665~66년경, 네덜란드 헤이그 미술관 ································· 199
〈화가의 아틀리에〉, 1666~67년경, 오스트리아 비엔나 미술 박물관 ···························· 201
〈우유를 따르는 여인〉, 1658~60년경, 네덜란드 암스테르담 국립 미술관 ·················· 203
〈진주 목걸이를 한 여인〉, 1662~64년경, 독일 베를린 국립 미술관 ···························· 204

라이트 1734~1779
〈천구 강의〉, 1766년, 영국 더비 미술관 ··· 333
〈에어 펌프의 실험〉, 1768년, 영국 런던 테이트 미술관 ··· 153
〈촛불에 비친 두 소녀와 고양이〉, 1768~69년, 개인 소장 ·· 156
〈인을 발견한 연금술사〉, 1771년, 영국 더비 미술관 ··· 117

김홍도 1745~?
〈황묘농접도〉, 간송 미술관 ··· 104
〈산사귀승도〉, 개인 소장 ··· 105
〈씨름〉, 국립 중앙 박물관 ·· 179
〈무동〉, 국립 중앙 박물관 ·· 183

다비드 1748~1825
〈라부아지에 부부의 초상〉, 1788년, 미국 뉴욕 메트로폴리탄 미술관 ························· 161
〈마라의 죽음〉, 1793년, 프랑스 랭스 미술관 ··· 168
〈마라의 죽음〉, 1793년, 벨기에 브뤼셀 왕립 미술관 ·· 169
〈호라티우스 형제의 맹세〉, 1785년, 프랑스 파리 루브르 박물관 ······························ 171

에이시 1756~1829
'우키요에' 중 얼굴 부분도, 1780년대경 ··· 77

신윤복 1758~?
〈미인도〉, 1805년경, 간송 미술관 ··· 87
〈단오풍정〉, 간송 미술관 ·· 90
〈월야밀회〉, 간송 미술관 ·· 91
〈이부탐춘〉, 간송 미술관 ·· 93
〈야금모행〉, 간송 미술관 ·· 94

호쿠사이 1760~1849
〈후지산 36경〉 연작 중 6경, 1825~31년경 ·· 281

프리드리히 1774~1840
〈월출〉, 1822년, 독일 베를린 국립 미술관 ··· 207
〈왼쪽 창〉, 1805~06년경, 오스트리아 비엔나 벨베데레 미술관 ······················· 209
〈오른쪽 창〉, 1805~06년경, 오스트리아 비엔나 벨베데레 미술관 ··················· 209
〈안개바다 위의 방랑자〉, 1818년, 독일 함부르크 미술관 ································· 210
〈밤의 영상〉, 1830~35년경, 독일 라이프치히 조형예술 박물관 ······················· 211

컨스터블 1776~1837
〈오두막, 무지개, 방앗간〉, 1837년, 영국 리버풀 레이디 레버 아트 갤러리 ·········· 256

제리코 1791~1824
〈엡섬에서의 경마〉, 1821년, 프랑스 파리 루브르 박물관 ································ 229

밀레 1814~1875
〈만종〉, 1859년, 프랑스 파리 오르세 미술관 ··· 63

쿠르베 1819~1877
〈잠〉, 1866년, 프랑스 파리 프티팔레 미술관 ·· 73

보드리 1828~1886
〈샤를로트 코르데〉, 1860년, 프랑스 낭트 미술관 ··· 174

마네 1832~1883
〈폴리베르제르의 술집〉, 1881~82년경, 영국 런던 코톨드 인스티튜트 갤러리 ······ 213
〈베르테 모리소〉, 1872년, 개인 소장 ·· 216
〈휴식〉, 1870년, 미국 로드아일랜드 미술관 ·· 217
〈피리 부는 소년〉, 1867년, 프랑스 파리 오르세 미술관 ··································· 218

휘슬러 1834~1903
〈흰색 교향곡 2번〉, 1864년, 영국 런던 테이트 미술관 ······································ 69
〈흰색 교향곡 1번〉, 1862년, 미국 워싱턴DC 국립 미술관 ································· 72
〈피아노에서〉, 1858~59년, 미국 오하이오 신시내티 테프트 미술관 ··················· 70
〈검정과 금색의 광상곡(추락하는 로켓)〉, 1875년, 미국 디트로이트 미술원 ········· 75

드가 1834~1917

〈발레 수업〉, 1871년, 미국 뉴욕 메트로폴리탄 미술관 ·················· 227

〈오페라 극장의 무용교실〉, 1878년, 미국 필라델피아 미술관 ·················· 223

〈자화상〉, 1863년, 포르투갈 리스본 미술관 ·················· 230

〈관중석 앞의 경주마들〉, 1866~68년경, 프랑스 파리 오르세 미술관 ·················· 228

〈소녀 무용수〉, 1879~81년경, 미국 뉴욕 메트로폴리탄 미술관 ·················· 231

세잔 1839~1906

〈사과와 오렌지〉, 1895~1900년경, 프랑스 파리 오르세 미술관 ·················· 339

〈온실 속의 세잔 부인〉, 1880년, 미국 뉴욕 메트로폴리탄 미술관 ·················· 341

〈생 빅투아르 산〉, 1885년, 미국 펜실베이니아 메리온 링컨대학교 반스 재단 ·················· 343

〈목욕하는 사람들〉, 1906년, 미국 필라델피아 미술관 ·················· 344

모네 1840~1926

〈인상(해돋이)〉, 1873년, 프랑스 파리 마르몽탕 미술관 ·················· 249

〈산책(파라솔을 든 여인)〉, 1875년, 워싱턴DC 국립 미술관 ·················· 251

〈건초더미〉 연작 시리즈, 1889~91년경 ·················· 279

〈포플러〉 연작 시리즈, 1891년 ·················· 279

〈루앙 대성당〉 연작 시리즈, 1892~94년경 ·················· 279

〈지베르니 정원〉, 1900년, 프랑스 파리 오르세 미술관 ·················· 283

〈수련〉, 1906년, 미국 시카고 미술원 ·················· 284

르누아르 1841~1919

〈피아노를 치는 소녀들〉, 1892년, 프랑스 파리 오르세 미술관 ·················· 287

〈미스 로멘 라코〉, 1864년, 미국 오하이오 클리블랜드 미술관 ·················· 290

〈갈레트 풍차〉, 1876년, 프랑스 파리 오르세 미술관 ·················· 290

〈목욕하는 여인〉, 1888년, 미국 필라델피아 미술관 ·················· 291

장승업 1843~1897

〈호취도〉, 호암 미술관 ·················· 97

〈방황공방산수도〉, 호암 미술관 ·················· 100

〈백물도권〉, 국립 중앙 박물관 ·················· 102

고흐 1853~1890

〈귀를 자른 자화상〉, 1889년, 개인 소장 ·················· 267

〈오베르 교회〉, 1890년, 프랑스 파리 오르세 미술관 ·················· 269

〈까마귀가 나는 밀밭〉, 1890년, 네덜란드 암스테르담 반 고흐 미술관 ·················· 270

〈별이 빛나는 밤〉, 1889년, 미국 뉴욕 현대 미술관 ·················· 273

〈감자 먹는 사람들〉, 1885년, 네덜란드 암스테르담 반 고흐 미술관 ·················· 274

〈씨 뿌리는 사람〉, 1888년, 네덜란드 오텔로 크뢸러뮐러 국립 미술관 ·················· 275

〈창에서 본 성 바울 병원〉, 1889년, 네덜란드 암스테르담 반 고흐 미술관 ·················· 209

쇠라 1859~1891

〈그랑자트 섬의 오후〉, 1884~86년경, 미국 시카고 미술원 ·················· 260

〈아니에르에서의 물놀이〉, 1884년, 영국 런던 내셔널 갤러리 ·················· 262

〈그랑자트 섬의 지형도〉, 1884년, 개인 소장 ·················· 263

로트렉 1864~1901

〈물랭루즈 라 글뤼〉, 1891년, 미국 시카고 미술원 카터 해리슨 컬렉션 ·················· 79

〈로자 라 루스〉, 1887년, 미국 필라델피아 반즈 컬렉션 ·················· 85

〈세탁부〉, 1889년, 개인 소장 ·················· 83

〈두 여자와 물랭루즈로 들어오는 라 글뤼〉, 1892년, 미국 뉴욕 현대 미술관 ·················· 81

드래이퍼 1864~1920

〈이카루스를 향한 애도〉, 1898년, 영국 런던 테이트 미술관 ·················· 147

마티스 1869~1954

〈모자를 쓴 여인〉, 1905년, 미국 샌프란시스코 현대 미술관 ·················· 245

〈마담 마티스(녹색 선)〉, 1905년, 덴마크 코펜하겐 국립 미술관 ·················· 241

〈호사, 평온, 쾌락〉, 1905년, 프랑스 파리 퐁피두센터 국립 현대 미술관 ·················· 242

〈삶의 기쁨〉, 1906년, 미국 펜실베이니아 메리온 링컨 대학 반스 재단 ·················· 243

〈춤〉, 1909~10년경, 러시아 상트페테르부르크 헤리티지 미술관 ·················· 234

〈음악〉, 1910년, 러시아 상트페테르부르크 헤리티지 미술관 ·················· 236

〈이카루스의 추락〉, 1943년, 미국 매사츄세츠 스페이트우드 갤러리 ·················· 148

〈이카루스〉, 1947년, 미국 뉴욕 메트로폴리탄 미술관 ·················· 148

〈푸른 누드〉, 1952년, 프랑스 니스 마티스 미술관 ·················· 238

들로네 1885~1941

〈태양, 탑, 비행기〉, 1913년, 미국 버펄로 올브라이트 녹스 갤러리 ·················· 347

〈블레리오에의 경배〉, 1914년, 스위스 바젤 국립 미술관 ·················· 350

〈동시에 열린 창들〉, 1912년, 미국 뉴욕 구겐하임 미술관 ·················· 353

들로네(소니아) 1885~1979

〈리듬〉, 1938년, 프랑스 파리 퐁피두센터 국립 현대 미술관 ·················· 353

칼로 1907~1954

〈부러진 척추〉, 1944년, 멕시코 멕시코시티 돌로레스 올메도 컬렉션 ·················· 266

인명 찾아보기

| 가 · 나 |

강세황 · 178

고갱 Paul Gauguin · · · · · · · · · · · · · · · 237, 276

고야 Francisco Jose de Goya · · · · · · · · · · · · 217

고흐 Vincent van Gogh · · · · · · 208, 237, 259, 268, 272

그레코 El Greco · · · · · · · · · · · · · · · · · · · 310

글레이르 Marc Gabriel-Charles Gleyre · · · · · 250, 289

기를란다요 Domenico Ghirlandajo · · · · · · · · · 320

기베르티 Lorenzo Ghiberti · · · · · · · · · · · · · 108

길필란 S.C. Gilfillan · · · · · · · · · · · · · · · · · · 76

김득신 · 88

김홍도 · · · · · · · · · · · · · · 86, 104, 105, 178

나다르 Gaspard Felix Tournachon · · · · · · · · · 285

나폴레옹 Napoléon Bonaparte · · · · · · · · · · · 171

네케르 Jacques Necker · · · · · · · · · · · · · · · 172

노발리스 Friedrich von Hardenberg 'Novalis' · · · · · · 211

뉴턴 Isaac Newton · · · · · · 118, 253, 256, 337

| 다 · 라 |

다 빈치 Leonardo da Vinci · · · · · · · · · 52, 128

다비드 Jacques-Louis David · · · · · · · · 160, 168

단테 Dante Alighieri · · · · · · · · · · · · · · · · · 25

달리 Salvador Dali · · · · · · · · · · · · · · · · · 208

댕트빌 Jean De Dinteville · · · · · · · · · · · · · · 192

데 키리코 Georgio de Chirico · · · · · · · · · · · 265

데카르트 Rene Descartes · · · · · · · · · · · · · · 39

도나텔로 Donato di Niccolo di Betto Bardi · · · · · 108

두초 Agostino Duccio · · · · · · · · · · · · · · · · · 36

뒤러 Albrecht Dürer · · · · · · · · · 136, 194, 270

뒤샹 Marcel Duchamp · · · · · · · · · · · · · · · 135

듀퐁 Pierre Samuel du Pont de Nemours · · · · · · 162

드가 Hilaire Germain Edgar De Gas · · · · · · · · 222

드니 Maurice Denis · · · · · · · · · · · · · · · · · 338

드래이퍼 Herbert James Draper · · · · · · · · · · · 147

드랭 André Derain · · · · · · · · · · · · · · · · · · 244

드허스트 Roger Dewhurst · · · · · · · · · · · · · · 204

들라크루아 Eugene Delacroix · · · · · · · · · · · 214

들로네 Robert Delaunay · · · · · · · · · · · · · · · 346

라그랑주 Joseph Louis Lagrange · · · · · · · · · · 160

라부아지에 Antoine Laurent Lavoisie · · · · · 39, 153, 159, 160

라스트만 Pieter Lastman · · · · · · · · · · · · · · 325

라이트 형제 Orville/Wilbur Wright · · · · · · · · · 350

라이트(더비) Joseph Wright of Derby · · · · · 152, 332

라이트 John Michael Wright · · · · · · · · · · · · 332

라이프니츠 Gottried Wilhelm von Leibniz · · · · · · 337

라파엘로 Raffaello Santi · · · · · · · · · · · · · · 135

라파예트 Marquis de Lafayette · · · · · · · · · · 172

러셀 Morgan Russell · · · · · · · · · · · · · · · · · 354

러스킨 John Ruskin · · · · · · · · · · · · · · · · · · 75

레니 Guido Reni · · · · · · · · · · · · · · · · · · · 77

렘브란트 Rembrandt Harmenszoon van Rijn · · · · · · 60, 324

로렌체티 형제 Pietro/Ambrogio Lorenzetti · · · · · · 36

로렌초 Lorenzo de' Medici il Magnific · · · · · · · · 320

로베스피에르 Maximilien Robespierre · · · · · · · · 171

로세티 Gabriel Charles Dante Rossetti · · · · · · · · 71

로셀리 Cosimo Rosselli · · · · · · · · · · · · · · · 120

로크 John Locke ·········· 336

로트렉 Henri-Marie-Raymonde de Toulouse-Lautrec-Monfa ·· 78

루벤스 Peter Paul Rubens ·········· 147, 286

루소 Jean-Jacques Rousseau ·········· 173

루오 Georges Rouault ·········· 242

루터 Martin Luther ·········· 139, 195

룰루스 Raimundus Lullus ·········· 39

르누아르 Pierre Auguste Renoir ·········· 250, 259, 286

르루아 Louis Leroy ·········· 250

리비히 Justus Freiherr von Liebig ·········· 221

리자 게라르디니 Lisa Gherardini ·········· 129

| 마 · 바 |

마그리트 Rene Magritte ·········· 208

마네 Edouard Manet ·········· 212, 224, 252

마라 Jean Paul Marat ·········· 172

마르케 Albert Marquet ·········· 237

마리 Marie Anne Pierrette Paulze ·········· 163

마티스 Henri Émile Benoît Matisse ·········· 147, 233, 240, 345

맥도널드 라이트 Stanton McDonald-Wright ·········· 354

맥스웰 James Clerk Maxwell ·········· 258

머이브릿지 Eadweard J. Muybridge ·········· 229

멜치 Francesco Melzi ·········· 129

모네 Claude Monet ·········· 248, 259, 278, 344

모로 Gustave Moreau ·········· 237, 240

모르보 Louis-Bernard Guyton de Morveau ·········· 163

모브 Anton Mauve ·········· 272

미라보 Honoré Mirabeau ·········· 172

미켈란젤로 Michelangelo di Lodovico Buonarroti Simoni ·· 22, 314

민영환 ·········· 99

밀레 Jean Francois Millet ·········· 62, 274

바르톨로메오 Bartholomaeus ·········· 28

바사리 ·········· 129

바오로 3세 Paulus III ·········· 22, 320

바지유 Frédéric Bazille ·········· 250

반 알스트 Pieter Coecke van Aelst ·········· 144

발랑탱 Jacques Renaudin 'Valentin' ·········· 80

버뎃 Perez Burdett ·········· 335

베누스티 Marcello Venusti ·········· 24

베로키오 Andrea del Verrocchio ·········· 55

베르메르 Johannes Jan Vermeer ·········· 198

베르테 모리소 Berthe Morisot ·········· 215

베르톨레 Claude Louis Comte Berthollet ·········· 153, 163

베이컨 Francis Bacon ·········· 116

베이컨 Roger Bacon ·········· 39

벤자민 톰슨 Benjamin Thompson ·········· 166

벤자민 프랭클린 Benjamin Franklin ·········· 166

벨라스케스 Diego Rodriguez de Silvá Velazquez ·········· 217

보드리 Paul Jacques Aime Baudry ·········· 174

보들레르 Charles Baudelaire ·········· 230

보셸 Louis Vauxcelles ·········· 244

보슈 Hieronymus Bosch ·········· 146, 302

보일 Robert Boyle ·········· 125

보클랭 Nicholas Louis Vauquelin ·········· 253

보티첼리 Sandro Botticelli ·········· 142, 294

볼테라 Daniele da Volterra ·········· 24

부댕 Eugene Boudin ·········· 250

부르고뉴 필립 공작 Phillippe Le Bon, duc de Bourgogne ·· 45

부르동 Sébastian Bourdon ·········· 358

분젠 Robert Bunsen ·········· 257

브라운 Dan Brown ·········· 53

브란트 Henning Brandt ·········· 124

브뢰헬 Pieter Bruegel the Elder ·········· 144

브루넬레스키 Filippo Brunelleschi ·········· 108

블레리오 Louis Bleriot ·········· 350

비발디 Antonio Vivaldi ·········· 266

비오 4세 Pius IV ·········· 24

비트루비우스 Pollio Marcus Vitruvius ·········· 139

| 사 · 아 |

사스키아 Saskia van Uylenburgh ·············· 66, 326
샤갈 Marc Shagall ······························ 354
세니니 Cennino Cennini ·························· 299
세잔 Paul Cezanne ························· 265, 338
셀브 Georges de selves ······················ 193
셸레 Karl Wilhelm Scheele ··············· 153, 159
소니아 들로네 Sonia Delaunay-Terk ·········· 352
쇠라 Georges Pierre Seurat ··················· 258
손가우어 Martin Schongauer ·················· 136
쉐브릴 Michel Eugéne Chevreul ·············· 258
슈만 Robert Alexander Schumann ············· 266
슈발리에 Tracy Chevalier ····················· 198
슈트로마이어 Friedrich Stromeyer ············ 253
스넬 Willebrord van Roijen Snell ············· 196
스완넨부르크 Jacob van Swanenburgh ········ 325
스필버그 Steven Spielberg ··············· 52, 315
시냐크 Paul Signac ······················ 237, 259
시뇨렐리 Luca Signorelli ····················· 320
시슬레 Alfred Sisley ····················· 250, 262
시츄킨 Sergei Ivanovich Shchukin ············ 233
식스투스 4세 Sixtus IV ······················· 320
신윤복 ································· 86, 178
아낙시메네스 Anaximenes ···················· 141
아더 영 Arthur Young ························· 166
아리스토텔레스 Aristoteles ············· 117, 141
아인슈타인 Albert Einstein ··················· 257
아폴리네르 Guillaume Apollinaire ············ 353
안견 ····································· 99
앵그르 Jean-Auguste Dominique Ingres ········ 170
에드워드 3세 Edward III ······················· 39
에밀 졸라 Émile-Édouard-Charles-Antoine Zola ·· 342
에이크 Hubert van Eyck ······················· 45
에이크 Jan van Eyc ····················· 42, 330

에펠 Alexander Gustave Eiffel ················ 349
엘리자베스 1세 Elizabeth I ····················· 76
엠페도클레스 Empedocles ··············· 117, 141
오비디우스 Publius Ovidius Naso ········ 120, 149
오스카 와일드 Oscar Wilde ··············· 71, 214
올러 Joseph Oller ···························· 78
와트 James Watt ························ 166, 336
우데 Wilhelm Uhde ·························· 352
우첼로 Paolo Uccello ························· 311
워홀 Andy Warhol ··························· 135
웨버 Louise Weber ···························· 80
웨지우드 Josiah Wedgwood ·················· 336
율리우스 2세 Julius II ························ 320
융 Carl Gustav Jung ························· 313
이정명 ···································· 86
이폴리트 텐느 Hippolyte Taine ··············· 133

| 자 · 차 · 카 |

자크 폴제 Jacques Pailze ····················· 162
잠볼로냐 Jean Boulogne ····················· 361
장승업 ···································· 96
장지연 ···································· 98
정선 ····································· 99
제리코 Jean Louis Ardré Théodre Géricault······· 230
조반니 데 돌치 Giovanni di lietro de' Dol'ci······ 319
조셉슨 Brian David Josephson ················ 323
조안나 히퍼넌 Joanna Hiffernan················ 72
조콘다 Francesco del Gioconda ··············· 129
조토 Giotto di Bondone ······················· 32
주버 Jean Henri Zuber ······················· 253
지들러 Charles Zidler ························· 78
채륜 ···································· 102
체세나 Biagio da Cesena ······················ 25
치마부에 Cimabue ··························· 35

카라바조 Caravaggio ·········· 155, 220, 332
카를 5세 Karl V ·········· 150
카발리에 Tomaso de Cavalier ·········· 27
칸딘스키 Wassily Kandinsky ·········· 281
칼로 Frida Kahlo ·········· 266
커완 Richard Kirwan ·········· 164
컨스터블 John Constable ·········· 211, 252, 256
코닉스버그 E. L. Konigsburg ·········· 130
코로 Jean Baptiste Camille Corot ·········· 200, 215
코르데 Charlotte de Corday ·········· 173
코시모 Piero di Cosimo ·········· 120, 320
콜로나 Vittorio Colona ·········· 27
콜린스 William Wilkie Collins ·········· 71
쿠르베 Gustave Courbet ·········· 70, 212
쿠프카 François Kupka ·········· 346
쿤켈 Johann Kunckel von Loenstern ·········· 124
클레 Paul Klee ·········· 353
클레망소 Georges Clemenceau ·········· 283
클레멘스 7세 Clemens VII ·········· 22
클레오파트라 Cleopatra ·········· 76
키르히호프 Gustav Robert Kirchhoff ·········· 257

| 타 · 파 · 하 |

탈레스 Tales ·········· 141
터너 Joseph Mallord William Turner ·········· 211, 252
테네시 윌리엄스 Thomas Lanier Williams ·········· 112
토마스 모어 Thomas More ·········· 192
툴프 Nicolaes Tulp ·········· 329
틴토레토 Tintoretto ·········· 356
파노프스키 Erwin Panofsky ·········· 120
파스퇴르 Louis Pasteu ·········· 187
패러데이 Michael Faraday ·········· 157
퍼킨 William Henry Perkin ·········· 253
페루지노 Pietro Perugino ·········· 320

페르그손 James Ferguson ·········· 337
페리 George W. Ferris ·········· 351
폴 기욤 Paul Guillaume ·········· 352
푸르크루아 Antoine François Fourcroy ·········· 163
푸생 Nicolas Poussin ·········· 297, 344
프란체스카 Piero della Francesca ·········· 200, 265
프로이트 Sigmund Freud ·········· 129
프루스트 Marcel Proust ·········· 268
프리드리히 Caspar David Friedrich ·········· 206
프리스틀리 Joseph Priestley ·········· 153, 158
플라톤 Plato ·········· 141
피사노 Andrea Passano ·········· 108
피사로 Camille Pissaro ·········· 237, 242, 252, 339
피올라 Domenico Piola ·········· 147
피카소 Pablo Picasso ·········· 239
피케 Hortense Fique ·········· 343
필리페피 Alessandro di Mariano Filipepi ·········· 294
필리포 Fra Filippo Lippi ·········· 294
필리피노 리피 Filippino Lippi ·········· 294
핼리 Edmund Halley ·········· 40
허스트 John White Hurst ·········· 336
헤라르츠 Marcus Gheeraerts the Younger ·········· 77
헤라클레이토스 Heraclitus ·········· 141
헨리 8세 Henry VIII ·········· 192
헬름홀츠 Hermann Ludwig Ferdinand von Helmholtz ·········· 258
호소다 에이시 ·········· 77
호쿠사이 ·········· 282
호퍼 Karl Hofer ·········· 265
호프만 August Wilhelm von Hofmann ·········· 253
홀바인 Hans Holbein ·········· 190
휘슬러 James Abbott McNeill Whistler ·········· 68, 250

· 어바웃어북의 우수 과학 도서 ·

일상공간을 지배하는 비밀스런 과학원리
시크릿 스페이스 (개정증보판)
| 서울과학교사모임 지음 | 402쪽 | 18,000원 |

나사못이나 자물쇠처럼 작고 평범한 사물에서
4차 산업혁명을 이끄는 인공지능에 이르기까지
기본원리를 낱낱이 파헤친 과학해부도감

• 교육과학기술부 '우수 과학 도서' 선정
• 네이버 '오늘의 책' 선정 / • 행복한아침독서 '추천 도서' 선정

우리 몸의 미스터리를 푸는 44가지 과학열쇠
시크릿 바디
| 의정부과학교사모임 지음 | 400쪽 | 18,000원 |

세상의 모든 과학은 우리 몸으로 통한다!
"인간은 어떻게 살아가는가?"에 대한
가장 재밌고 유익하고 명쾌한 과학적 해답

• 한국출판문화산업진흥원 '세종도서 교양 부문' 선정
• 행복한아침독서 '추천 도서' 선정

과학이 만들어낸 인류 최고의 발명품, 단위!
별걸 다 재는 단위 이야기
| 호시다 타다히코 지음 | 허강 옮김 | 263쪽 | 15,000원 |

바이러스에서 우주까지 세상의 모든 것을
측정하기 위한 단위의 여정
센티미터, 킬로그램, 칼로리, 퍼센트, 헥타르, 섭씨, 배럴 등등
우리 생활 깊숙이 스며든 단위라는 친근한 소재를 하나씩
되짚다보면, 과학의 뼈대가 절로 튼튼해진다.

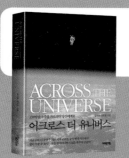

138억 년 우주를 가로질러 당신에게로
어크로스 더 유니버스
| 김지현 · 김동훈 지음 | 456쪽 | 20,000원 |

"지난 100여 년 동안 우리는 세계 곳곳을 돌아 행성 지구에서
별이 가장 잘 보이는 곳을 찾아다니며 드넓은 우주와 만났다!"

북극 스발바르 제도, 호주 쿠나바라브란, 미국 뉴멕시코,
몽골 알타이사막, 하와이 빅아일랜드……
몸집보다 큰 천체망원경을 둘러멘 길 위의 과학자들의 여정